刘筱英　刘世华　阳丽霞　彭丽红　主编

医疗内镜图谱与保养技术

世界图书出版公司
广州·上海·西安·北京

图书在版编目 (CIP) 数据

医疗内镜图谱与保养技术 / 刘筱英等主编 . -- 广州 : 世界图书出版广东有限公司 , 2025.1重印
ISBN 978-7-5192-4330-2

Ⅰ . ①医… Ⅱ . ①刘… Ⅲ . ①内窥镜—图谱②内窥镜—保养 Ⅳ . ① TH773

中国版本图书馆 CIP 数据核字 (2018) 第 030523 号

书　　名： 医疗内镜图谱与保养技术
YILIAO NEIJING TUPU YU BAOYANG JISHU
主　　编： 刘筱英　刘世华　阳丽霞　彭丽红
策划编辑： 王梦洁　李　平
责任编辑： 曾跃香
装帧设计： 谷风工作室
出版发行： 世界图书出版广东有限公司
地　　址： 广州市新港西路大江冲 25 号
邮　　编： 510300
电　　话： 020-84460408
网　　址： http://www.gdst.com.cn
邮　　箱： wpc_gdst@163.com
经　　销： 新华书店
印　　刷： 悦读天下（山东）印务有限公司
开　　本： 710 mm × 1000 mm　1/16
印　　张： 11
字　　数： 200 千
版　　次： 2017 年 3 月第 1 版　　2025 年 1 月第 3 次印刷
国际书号： 978-7-5192-4330-2
定　　价： 68.00 元

本书编写人员

主　编

刘筱英　刘世华　阳丽霞　彭丽红

副主编

杨　娟　谷利凤

编　委

（以姓氏笔画为序）

刘筱英　湖南省儿童医院

刘世华　湖南省儿童医院

刘　娟　湖南省儿童医院

刘　慧　贵州省黔南州人民医院

杨　娟　湖南省儿童医院

吴忻倩　娄底市娄星区人民医院

谷利凤　湖南省儿童医院

张　丽　湖南省儿童医院

陈丽霞　长沙医学院附属医院

郑冰雅　长沙医学院

姚晓霞　中南大学湘雅二医院

彭丽红　湖南省儿童医院

谢永红　湖南省儿童医院

前 言

随着医疗技术的发展，应用内镜技术来诊断和治疗疾病已成为衡量医院发展水平的标志。目前，内镜技术已普及到了县级医院。由于内镜器械结构精细而复杂，价格昂贵，内镜器械使用后的清洗、消毒、灭菌和保养要求高、难度大，我国相关部门明确规定由消毒供应中心（Central Sterile Supply department, CSSD）对内镜器械采取集中管理模式，即内镜器械的清洗、消毒、灭菌等流程均由CSSD统一处理、集中供应。但是，目前我国仍只有部分大型三甲医院的内镜器械由CSSD集中处理，几乎所有县级医院的内镜器械甚至不少三甲医院的内镜器械还是由手术室或使用科室自行处理。

国家卫生计生委于2016年12月27日出台了《软式内镜清洗消毒技术规范》，但由于许多医务人员对内镜的结构特点、使用后的处理和保养缺乏相关知识的支撑，加之某些医疗机构条件的限制，仍然存在着内镜的应用范围与规范化管理措施不对称。如此下去，将成为内镜技术推广应用的瓶颈。

鉴于此，特组织长期从事内镜操作与管理工作的护理专家编写《医疗内镜图谱与保养技术》一书，旨在指导从事内镜技术工作的医务人员进一步了解各种内镜的内部细微结构，对使用后的内镜进行彻底的清洗，有效的消毒、灭菌和保养，杜绝因内镜处理不当带来的医院感染，从而提高内镜的使用寿命，降低医院运营成本。

本书编写过程中，深圳宝宁曼医疗设备有限公司提供了很多有价值的参考资料，得到了湖南省儿童医院副院长赵斯君教授的大力支持，得到了湖南省知名护理专家方立珍教授的悉心指导，同时，本书参阅了大量的中外文献资料，由于篇幅有限，没有一一注明在此，深表歉意！在此，谨向为此书出版付出努力的领导、专家、文献的作者、编者和编辑致以衷心的谢忱。

由于水平有限，书中可能存在纰漏，敬请专家和读者斧正。

编者

2017 年 4 月于长沙

序

目前我国很多大型医院的手术室器械、呼吸机管道、各种腔镜已由 CSSD 集中供应。但由于对器械物品形状的描述差异，使得各学科工作人员的沟通难以达成共识，因此，这项工作的推进为 CSSD 护士的工作增加了难度。将集中供应的物品制作成标准的图谱，可形象地展示各种物品的名称、形态和结构，易于理解和记忆，同时，图谱可作为 CSSD 等学科新护士、进修护士、实习护士的培训资料，更好地搭建各学科学术合作与沟通平台。

本书主编根据临床实际需求，组织湖南省儿童医院、湘雅二医院、长沙医学院附属医院、娄星区妇幼保健院等医院手术室、消毒供应中心、内镜室工作的相关护理专家成立了课题组，围绕主题为“图谱识别系统在 CSSD 集中管理模式中的应用”，进行了深入系统的研究，此课题获准为湖南省发改委、湖南省产业研发项目。经过两年多的研究探索，课题组逐步建立了儿童手术器械，骨科手术器械、外来器械及腔镜图谱数据库，主编出版了专著《实用儿科手术器械的识别与保养》《骨科常用器械图谱与应用》，发表了《手术器械图谱在实习护生带教中的应用效果》《手术器械图谱的制作与应用》等论文，这些著作的问世与论文的发表，为 CSSD 护士提供了操作技术标准，在提高 CSSD 培训质量、工作质量及资源共享与减耗增效等方面卓有成效，对确保病人医疗安全，降低医院感染风险，推动 CSSD 集中管理模式的开展具有重要的指导意义。

当前，湘雅二医院、湖南省儿童医院、长沙医学院附属医院、娄星区妇幼保健院相关护理专家在阅读了大量的、相关的中外文献资料后，将积淀的知识与经验，历经两年的笔耕不辍，编写了《医疗内镜图谱与保养技术》一书。全书结构严谨、观点准确、图文并茂，易于理解和记忆，可帮助初学者从入门到精通。可作为实习护士、进修护士、新护士的培训蓝本，也可作为长期从事内镜技术护理工作者的工具书。

今主编邀请我为此书作序，我欣然应允。祝愿本书早日面世，希望有更多的同行早日读到此书，并从中获得裨益。

赵斯君

2017 年 8 月于长沙

目 录

第一章 概述 …… 1

第一节 医疗内镜的应用与发展经历 …… 3

第二节 医疗内镜的分类 …… 9

第三节 CSSD 内镜集中管理的现状和发展趋势 …… 11

第二章 腔镜器械集中供应管理的必要条件 …… 19

第一节 环境要求 …… 21

第二节 设施与设备要求 …… 23

第三节 工作人员的要求 …… 25

第四节 质量管理 …… 26

第五节 职业防护 …… 27

第三章 医疗内镜的回收与保养 …… 29

第一节 回收操作原则 …… 31

第二节 回收操作步骤 …… 32

第三节 回收的质量控制与保养 …… 35

第四章 医疗内镜的分类处置与保养 …… 39
第一节 分类操作原则 …… 41
第二节 分类操作步骤 …… 42
第三节 分类的质量控制与保养 …… 44

第五章 医疗内镜的清洗与保养 …… 47
第一节 清洗操作原则 …… 49
第二节 清洗消毒操作步骤 …… 51
第三节 清洗质量控制与保养 …… 59
第四节 内镜器械清洗质量的监测 …… 62
第五节 常见内镜器械清洗的拆卸步骤图 …… 65

第六章 医疗内镜的干燥与保养 …… 73
第一节 干燥的操作原则 …… 75
第二节 干燥操作步骤 …… 76

第七章 医疗内镜的包装与保养 …… 79
第一节 包装操作原则 …… 81
第二节 包装操作步骤 …… 82
第三节 包装质量控制与保养 …… 92

第八章 医疗内镜的灭菌与保养 …… 93
第一节 灭菌操作原则 …… 95
第二节 灭菌操作方法 …… 96

第三节 灭菌质量控制与监测 …… 104

附录一 内窥镜及纤维导光束的保养细节 …… 109

附录二 腹腔镜手术器械的保养细节 …… 115

附录三 前列腺电切镜手术器械的保养细节 …… 123

附录四 输尿管肾镜手术器械的保养细节 …… 129

附录五 宫腔镜手术器械的保养细节 …… 135

附录六 鼻窦镜手术器械的保养细节 …… 141

附录七 胸腔镜手术器械的保养细节 …… 147

附录八 脑室镜手术器械的保养细节 …… 151

附录九 关节镜手术器械的保养细节 …… 155

附录十 小儿外科手术器械的保养细节 …… 159

参考文献 …… 164

第一章 概 述

内镜诊疗技术是指医疗机构及其医务人员通过人体正常腔道或人工建立的通道，使用内镜器械在直视下或辅助设备支持下，对局部病灶进行观察、组织取材、止血、切除、引流、修补或重建通道等，以明确诊断、治愈疾病、缓解症状、改善功能等为目的的诊断、治疗措施。以内镜为代表的微创诊疗技术的出现，有效缓解了外科领域出血、疼痛和感染问题，现已成为我国医疗机构众多临床专业日常诊疗工作中不可或缺的重要技术手段，为保障人民群众身体健康和生命安全发挥了重要作用。

第一节 医疗内镜的应用与发展经历

随着数字信息技术的快速发展以及内镜类手术器械的不断改进，内镜技术因其创伤小、愈合快、预后好的优点，在临床诊断和治疗疾病方面得到了广泛的应用。目前，内镜技术的应用代表了医院的发展水平，微创外科在外科领域迅速开展，已渗透到普通外科、妇科、泌尿外科、胸外科、小儿外科、骨科和颅脑外科等科室。目前国内许多县级及以上医院已具有开展微创外科的设备，并能开展多种微创外科手术。

一、我国内镜诊疗技术现状

（一）内镜诊疗技术应用与发展历史

自19世纪第一台内镜问世以来，从最初的硬式内镜，到现在的纤维内镜、电子内镜、胶囊内镜，内镜在医学领域的应用已有120多年历史。从20世纪50年代起，我国一些大医院就开展了硬性内镜（或半可曲式内镜）的检查。改革开放以来，随着我国经济发展水平不断提高，内镜诊疗技术得到了快速发展，内镜诊疗技术在二级及以上医疗机构得到了普及。至20世纪90年代起，内镜检查已普及到全国基层医院。中国的内镜事业发展经历了从无到有、从简单到复杂、从诊断到治疗的发展过程。内镜诊疗技术已经覆盖消化科、普外科、妇科等30余个专业，有些专科内镜技术已达到世界先进水平，内镜微创手术以其创伤小、痛苦轻、恢复快的突出优点日益深入人心，让越来越多的患者从中受益。

（二）我国内镜诊疗技术管理存在的主要问题

长期以来，由于我国在内镜诊疗技术管理方面没有建立完善的规范体系和技术标准体系，各地在应用内镜诊疗技术、内镜医师培养等方面水平参差不齐，发展十分不平衡。少数医院在条件尚不能满足相应内镜诊疗技术开展的情况下，在经济利益的驱动下盲目地开展临床应用，忽视了技术的复杂性和风险，医疗质量和医疗安全存在重大隐患，对患者的身体健康和生命安全构成威胁。随着深化医药卫生体制改革工作的不断深入，构建上下联动、急慢分治、双向转诊的分级诊疗体系成为当前的重点工作任务。加强县医院能力建设，不断提升县医院医疗服务能力和水平，保障大病不出县，是实现分级诊疗工作任务的重要环节。内镜诊疗技术作为适宜技术，面临着加快普及和推广的格局。但是，由于我国尚未建立科学高效的内镜诊疗技术人才培养和规范化培训工作机制，人才问题已经成为制约内镜技术发展的重要瓶颈。

另外，医疗技术临床应用管理“重准入，轻监管”的问题在一些地区长期存在。医疗机构通过实施医疗技术提供医疗服务，应该强化其对医疗服务质量和安全的主体责任。由于长期以来我国采用的准入管理工作机制，很多医疗机构在取得卫生计生行政部门授予的开展相关医疗技术临床应用的资质后，对技术应用质量安全管理不够重视，导致医疗质量和医疗安全存在风险，甚至出现医疗伤害事件。而由于监管能力和手段的限制，以及退出机制的不完善，卫生计生行政部门对于医疗技术临床应用的监管并不能满足实际管理需要，也承担着巨大的监管不力的行政风险。

二、内镜技术管理思路与框架

党的十八大报告和《中共中央国务院关于深化医药卫生体制改革的意见》中，明确提出了“为人民群众提供安全、有效、方便、价廉的医疗服务”的医疗卫生工作目标。合理应用医疗技术，提高医疗质量和医疗安全，是实现这一目标的根本保障之一。医疗技术作为重要的医疗服务要素之一，和医疗机构、医师、护士、药品、医疗器械相同，需要严格加强管理。2009年初，原卫生部发布了《医疗技术临床应用管理办法》，建立了医疗技术临床应用分级分类管理制度和准入管理制度，对于规范医疗技术临床应用行为发挥了重要作用。内镜技术作为医疗技术的重要代表，加强其管理应该在医疗技术临床应用管理的整体框架下进行统筹考虑，做好顶层设计。有学者认为，建立我国内镜技术临床应用管理体系，应该进一步强化医疗机构的主体责任，坚持一个制度，做好四个体系的建设工作。

（一）明确责任

要进一步强化医疗机构对内镜诊疗技术临床应用质量安全的完全主体责任。卫生计生行政部门应当对现行的准入管理工作机制进行调整，重点建立完善相关内镜技术临床应用的标准体系，医疗机构开展相关内镜诊疗技术按照行政部门颁布的标准进行自我评估，医疗机构负责人应当对本机构开展的内镜技术的质量和安全承担领导责任。引导医疗机构提升加强技术应用管理的主观能动性，变被动为主动，变“让我做”为“我要做”。

（二）坚持内镜技术临床应用分级管理制度

按照《医疗技术临床应用管理办法》和《医疗机构手术分级管理办法（试行）》的要求，将内镜技术分为四级进行管理，四级内镜手术为风险高、过程复杂、技术难度大的手术，一级内镜手术为风险较低、过程简单、技术难度低的手术。应当在分级管理制度的框架下，指导医疗机构加强内镜技术临床应用管理，严格考核并授权相关医师开展不同级别的内镜技术，并建立完善定期评估机制，保障技术临床应用质量和安全。

（三）建立完善四个体系

一是建立内镜技术临床应用质量管理与控制体系。要充分依托各级质控中心和相关事业单位，建立完善相关质量管理工作制度，协助卫生计生部门建立重点内镜技术的质控指标体系，充分利用信息化手段加强内镜诊疗技术的临床应用质量管理与控制，定期向医疗机构反馈质控结果，指导医疗机构不断改善医疗质量。对于质量安全存在隐患的医疗机构，应当建立暂停和退出工作机制。同时，加强质控人才队伍的培养。

二是建立内镜技术临床应用评估体系。要充分发挥相关行业组织的作用，引入第三方评估工作机制，加强内镜技术临床应用的监督管理。

三是建立内镜技术人才培训体系。目前，对于内镜人才队伍的培养存在的问题与其他专业人才队伍建设相似，培训体系尚处于起步阶段，培训工作机制还不成熟，相关培训要求并不明确，在很大程度上造成培养工作效果的良莠不齐，人才增长速度低于技术需求增长速度，优质医疗资源捉襟见肘。建议建立分级内镜技术培训体系，尽快统一培训教材和培训大纲，组织国家、省、医疗机构对不同层次的内镜医师和护士进行培训。

四是建立内镜技术临床应用信誉评分制度。充分运用现代信息化科学技术，将医疗机构及其医师开展相关重点内镜技术的情况进行网络公布。对于医疗质量和医疗安全存在重大隐患的单位和个人，将其执业情况纳入社会信誉体系之下，接受社会监督。

三、国内外内镜技术管理对比

第一，中国和美国内镜技术管理情况对比。以消化内镜技术为例，美国负责消化内镜标准的制订部门为美国消化内镜学会。美国消化内镜学会将消化内镜手术按照风险和难易程度分为四级，四级手术为风险高、难度较大的手术。在对中国和美国四级消化内镜手术的对比中发现，中美两国的四级消化内镜手术相似度较高。

第二，美国内镜医师培养情况。以消化内镜医师为例，在美国，如果要成为一名消化内镜医师，需要经过 4 年的本科教育和 4 年的医学教育，在获得医学博士学位之后，还需在 3 年的消化内科专科医师培训中完成普通内镜相关培训，达到美国消化内镜学会制订培训指南规定的操作例数下限（如在上级医师指导下完成 130 例胃镜、140 例肠镜），由所在培训项目主管评估能力。后由雇佣该医生的医院授予资质，每种操作技术（胃镜、肠镜、ERCP 等）各对应一种资质。如要学习更高级别的内镜技术，需参加 1—2 年高级内镜培训（各医院项目不同），包括 ERCP、超声内镜和内镜治疗（EMR、ESO）等，达到美国消化内镜学会制定培训指南规定的操作例数下限方可从事消化内镜工作。相比美国，中国在消化内镜的规范培养方面，还有很多工作要做。

尽管内镜诊疗技术在发展进程中还存在一些具体问题，但是这项技术的出现大大提高了临床诊疗效率，为增进人民健康做出了巨大的贡献。内镜诊疗技术管理体系的建立，需要各级卫生计生行政部门、事业单位、质控中心、医疗机构和医务人员的密切配合和通力协作。应通过强化主体责任、坚持一个制度和建立四个体系，落实内镜技术分级管理体系中各主体的职责，研究建立内镜医师培训体系，加大内镜医师培养力度，建立内镜诊疗技术质量管理与控制体系，明确质控指标并加强内镜技术的监督管理，加强信誉，确保医疗质量和医疗安全。相信在各级卫生行政主管部门和从事内镜工作的医生们共同努力下，一定能够建成具有中国特色、符合中国国情的内镜诊疗管理体系。

第二节 医疗内镜的分类

医疗内镜在医疗诊断和手术治疗中应用广泛，其中以硬质内镜运用为主。内镜手术器械主要包括:穿刺器、各种抓钳、分离钳、活检钳、剪刀、吸引管、电凝器、持针器等。

一、按成像原理划分

按成像原理可分为：光学镜（柱状透镜）、纤维镜、电子镜。

二、按作用部位划分

1. 神经外科：脑室镜、椎间孔镜等。

2. 耳鼻喉科：鼻窦镜、喉镜、耳镜等。

3. 胸外科：胸腔镜、支气管镜、纵隔镜等。

4. 普外科：腹腔镜、肛肠镜等。

5. 妇科：妇科腹腔镜、宫腔镜、宫腔电切镜、羊膜镜、胎儿镜、输卵管镜等。

6. 泌外科：肾输尿管镜、膀胱镜。

三、按功能划分

按功能可分为：腹腔镜、膀胱镜、关节镜、胃肠镜、胆道镜等。

四、按形态划分

内镜因内部构造和外形设计不同分为硬式内镜和软式内镜。一般来说,外科手术所用内镜大多数为硬式内镜,如腹腔镜、胸腔镜、宫腔镜、关节镜、鼻内镜等。而用于消化系统和呼吸系统诊疗的内镜一般为软式内镜，如胃镜、肠镜、支气管镜、胆道镜等。

五、按成像效果划分

按成像效果可分为：2D 内窥镜和 3D 内窥镜。

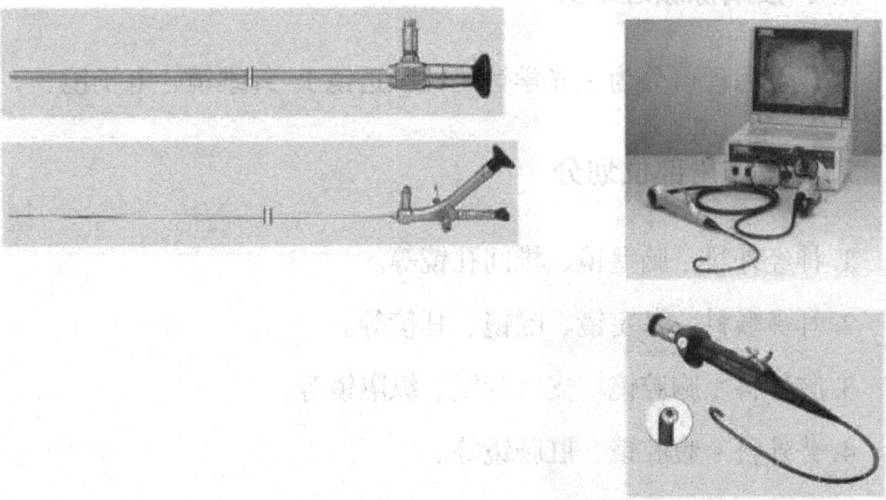

图 1–1 内镜的分类

第三节 CSSD内镜集中管理的现状和发展趋势

随着医疗技术的发展，微创手术因其创伤小、恢复快的优势得到了临床广泛应用。内镜手术器械主要有腹腔镜器械、胸腔镜器械、脑室镜器械、关节镜器械、膀胱镜器械、输尿管镜器械，宫腔镜器械等。由于内镜器械十分昂贵，因此提高器械的利用率非常关键。针对以往分散管理内镜器械存在诸多问题，医学界学者提出对内镜采取CSSD集中处置管理模式，即回收、清洗、消毒、灭菌、储存、下送等流程均由CSSD统一进行处理，集中供应。虽然，目前只有少数大型的三甲医院对内镜器械采取CSSD管理模式，但是，实施内镜集中管理已成为未来发展的必然趋势。

一、内镜处置现状

（一）国内现状

目前我国相关部门已明确规定CSSD对内镜采取集中处置管理模式，并制定了相应标准。内镜器械清洗、消毒、灭菌等流程均由消毒供应中心进行统一处理，集中供应，以降低器械损耗程度与遗失率、锐器伤害率等。根据临床研究表明，集中管理模式较分散管理模式具有显著的优势。通过对内镜器械及医务管理人员的集中管理与配置显著提高了器械清洁率、包装合格率，降低了感染率。然而由于CSSD基础设施不够完善、集中处置器械的体制不够健全、护理人员缺乏器械相关知识，导致国内CSSD在内镜的处理过程中仍存在较大问题，如器械供应混淆、多酶清洗剂使用率低、消毒灭菌方式不合理等。

（二）国外现状

当前国外 CSSD 对于内镜的处理主要包括术后处理、酶洗、消毒、灭菌等步骤。美国根据消毒剂消毒水平确定合适的剂量，如采用戊二醛进行 45 分钟的消毒，剂量为 20g/L。欧洲具有非常高的清洗合格要求，真菌、细菌繁殖体等清除率需达到 99.9999%。依据细菌各自特性选择合适的灭菌方式，如采用压力蒸汽灭菌对耐温、耐压细菌进行处理。为进一步促进消毒供应中心的发展，有学者提出，加强消毒供应中心与手术室间护士的交流沟通，培养团队意识，共同探寻处理器械的最佳方案，可有效避免处理及供应过程中出现的失误，从而避免延误手术，造成严重后果。国外相关学者根据临床经验及对文献的研究，提出精益化储存概念，并完善器械处理的质量指标。通过看板管理系统以及对物品的合理布局与摆放，消毒供应中心的 6S 管理得到显著改善，将 6S 评分从 1.2 提升至 4.9。然而受地区医疗水平的限制，世界各国内镜处置状况仍较堪忧，有新闻报道，某院于短时间内发生多起真菌感染，均因相关内镜器械处置不当引起。

二、国内 CSSD 集中管理措施

（一）加强基础设施建设

根据我国关于 CSSD 管理的卫生行业标准，CSSD 应自成一区，宜靠近手术室，并有直接洁污运输通道。严格划分“三区”——污染区、清洁区、无菌物品存放区，并应按单流程布置，物品由污到洁，不交叉，不逆行，为污染递减逐渐净化的流程，空气流向由洁到污，污染区保持相对负压。对 CSSD 进行合理布局，设置不同设备打包间，如器械打包间、辅料打包间等。完善 CSSD 配置设备，除了常用的硬式内镜清洗成套设备，加配内窥镜清洗机、干燥箱以及各种先进的高、低温灭菌器等基础设备，为 CSSD 提供专业的内镜清洗、消毒、灭菌设备。

（二）推进内镜集中处置的规范化、体制化

建立健全内镜器械集中处置管理体制，为给予器械的集中清洗、消毒、灭菌等处置模式提供有力的制度保障。结合各医院实际医疗水平与医护人员的综合素质，制定具体的器械处置方案与高标准质量指标，实行规范化操作，以达到清洗的最佳效果。

（三）人力资源管理

1. 专业知识与技能培训

CSSD 集中处理内镜器械模式从物品收发、器械处置、管理人员工作意识、管理制度等方面对传统管理模式产生了巨大影响，因此给予相关管理人员专业知识与技能培训具有十分重要的意义。根据 CSSD 管理制度，严格规范护理人员的操作方式，必要时进行专业技能指导，可有效避免内镜器械在分类、清洗、消毒、灭菌过程中出现失误。应请手术医生、手术室护理人员为 CSSD 工作人员讲解内镜手术的操作流程，详细介绍各种器械功能，并邀请器械公司技术人员对护理工作者进行器械相关知识的专业培训。

2. 合理配置人力资源

人力资源的合理配置是提高工作效率的前提，科学划分护理人员的工作职能，能够促使器械管理工作合理有序进行，减少失误。应加强手术室与 CSSD 护理人员的相互交流，促进双方对彼此工作的了解，

有效沟通器械管理时出现的问题。根据器械回收、清洗、灭菌、储存、发放等流程，分别成立管理工作小组。根据医院手术时间安排，合理调整工作人员工作时间，根据手术情况实行弹性排班，下午多安排人员，做到手术完毕及时处置器械。

3. 加强职业防护

提高工作人员自身防范依从性，严格执行标准预防、工作流程和内镜操作规范。使用密闭塑料盒封存，保证器械交接时不受意外伤害。器械清洗时穿隔离服、防水鞋、防渗透围裙；戴口罩、护目镜或面罩、手套等，避免在操作过程中发生感染。工作中养成良好的规范洗手习惯。一旦发生职业暴露，局部进行紧急处理，及时接种免疫球蛋白，建立健全刺伤登记制度，并定期跟踪检查。

（四）加大内镜器械管理力度

1. 常规管理

手术室护士与 CSSD 护士于术后进行有效的交接，清点器械，确保无误。用封闭式运送车运送内镜器械至 CSSD，依照集中处理规范对器械进行清洗、消毒、灭菌、储存等操作。手术前由 CSSD 发放组将内镜器械配送至手术间，并制作相应标识，区分各器械。详细记录发放情况。

2. 应急管理

建立健全应急方案，以应对突发状况的发生。常备应急灭菌内镜器械与手术器械包及纸塑包装，注重日常保养，对其进行常规消毒灭菌管理。CSSD 安排夜间值班人员，及时应对手术室器械不足、器械污染等紧急情况。

三、内镜处理流程

（一）清洗消毒

1. 清洗消毒的重要性

清洗消毒是医院感染控制的重要手段，清洗不彻底，将导致消毒灭菌失败。因此，规范清洗流程、强化清洗质量是保证灭菌成功的必要措施。内镜手术器械结构复杂，特别是硬式管腔器械长度较长，内径较小，组织碎屑、血块很容易藏匿在器械内形成生物膜，对这类可重复使用器械的有效清洗比较困难，而清洗质量不合格，灭菌质量就不合格，CSSD 集中处理后，加强内镜清洗质量的环节管理，保障了内镜器械的灭菌质量。

2. 清洗消毒流程

内镜的清洗消毒主要有手工清洗与机械清洗两种方式，主要包括对内镜器械拆卸、冲洗、多酶浸泡、超声清洗、刷洗、漂洗、终末漂洗等。手术结束后将内镜放在流动水下彻底清洗，需拆卸到最小单位。管腔内用高压水枪彻底冲洗；穿刺器、吸引管管腔选择大小与长短合适的毛刷反复贯通刷洗；不能拆卸的缝隙处使用水枪反复冲洗；小配件器械选择专用、有盖小篮装放清洗；光学试管需单独清洗；光导纤维表面用软布轻轻擦洗干净，避免迂回折叠。手术后的内镜器械经多酶清洗液保湿 1 小时后进行清洗消毒，其清洁合格率明显高于直接置于空气中 1 小时再进行清洗的方式。“预洗 + 酶泡 + 超声机洗法”优于直接机洗，“手工 + 超声机洗法”优于单纯手工或超声机洗法。有研究表明，过分依赖某一种清洗方式，不利于器械的有效处置，将器械浸泡于多酶清洗液中 10 分钟，再将其放入超声波清洗机进行清洗效果较好。对金属类的钳类器械、穿刺器、吸引器用机器热力消毒，光学试管、导光束用 75%酒精擦拭消毒；达到消毒要求的硬式内镜如喉镜、阴道镜等，可采用煮沸消毒 20 分钟的方法。

（二）灭菌处理

将器械分为耐高温与非耐高温两组，采用煮沸消毒 20 分钟或压力蒸汽灭菌的方式为耐高温器械灭菌，给予非耐高温器械环氧乙烷低温灭菌。有学者提出，过氧化氢等离子对内镜的灭菌效果更为显著，与环氧乙烷相比更具安全性、高效性、环保性。采用纸塑包装灭菌解决零散器械的包装问题。

四、集中管理效果

随着 CSSD 集中硬式内镜处置制度的不断完善、护理人员素质的不断提高、基础设施建设的不断加强，集中处置的优势逐渐显现。通过对内镜器械收放、清洗、消毒、灭菌等过程的全面管理，器械的细菌感染率、丢失率、刺伤率明显降低，器械包装合格率、清洁率、灭菌有效率显著提升。研究表明，硬式内镜器械清洗消毒集中式与分散式管理效果比较，CSSD 清洗组内镜器械清洗质量目测合格率为 100%，试纸法测试合格率为 98%；手术室、泌尿外科等使用科室清洗目测合格率为 68%，试纸法测试合格率为 56%。CSSD 集中处理硬式内镜后，硬式内镜器械清洗质量不合格率从 15.23%降到 0.13%，因水分过多导致灭菌失败率从 9.67%降到 1.34%。CSSD 应急处理硬式内镜器械所需平均时间从 187 分钟降到 128 分钟。利用 CSSD 现有的资源，统一管理内镜器械，减少重复建设与投资，保证器械的消毒灭菌质量，也促进了消毒供应专业发展。将内镜器械纳入 CSSD 进行全程质量追溯管理，可使各项工作有据可循，保证患者手术安全，实现医院的可持续发展。

五、未来展望

随着科学技术的发展，医疗器械逐渐精细化、复杂化，临床上对于细菌感染的重视程度不断增加，给护理人员处置内镜器械提出了更高的要求。CSSD 应现代医院发展需求而建立，应建立健全相关管理制度，促进内镜集中处置的可持续发展。未来随着医护人员综合素质的提高，清洗、消毒、灭菌技术的发展，内镜集中处置制度的不断完善，CSSD 的职能将日益凸显，具有深远的意义。

第二章 腔镜器械集中供应管理的必要条件

腔镜器械集中供应管理应具备相应的环境条件、设施与设备，同时，工作人员应具备腔镜管理的相关知识，做好质量控制和职业安全防护。

第一节 环境要求

医院腔镜集中供应管理对环境有特定的要求，在实施腔镜集中供应管理前应做好环境的准备，环境的具体要求如下：

1. 硬式内镜的处置区域应包括去污区、检查包装灭菌区和无菌物品存放区，符合消毒供应中心行业标准 WS310.1–2016，工作区域划分应遵循物品流向由污到洁、不交叉、不逆流的原则。

2. 下收下送有便捷的通道（洁、污专用通道，平面、垂直均可），不交叉、不污染，遵循最短距离、最佳路径的原则。

3. 硬式内镜的工作区域温度、相对湿度及机械通气次数宜符合表 4–1 的要求。

4. 暂未建立消毒供应中心集中管理模式的医疗机构，硬式内镜处理区域也应符合消毒供应中心行业标准 WS310.1–2016 的要求。

表 2-1 工作区域温度、相对湿度及机械通风换气次数要求

工作区域	温度（℃）	相对湿度（%）	换气次数（次/h）
去污区	16℃—21℃	30%—60%	≥ 10
检查包装及灭菌区	20℃—23℃	30%—60%	≥ 10
无菌物品存放区	低于 24℃	低于 70%	4—10

5. 内镜清洗工作站的设计要求与布局：（1）配备独立的内镜清洗工作站，宜与内镜手术间距较近，自成一区（图 2-1）。（2）在内镜清洗工作站的醒目位置悬挂内镜清洗相关的制度和操作流程、超声清洗器和多酶清洗浸泡操作方法等，以便清洗人员培训和规范操作。

SHINVA
硬性内镜清洗中心

图 2-1 内镜清洗中心

第二节 设施与设备要求

实施医院腔镜集中供应管理时，需要配备相应的设备、设施，在不违反消毒技术规范的情况下，可根据医院的实际情况因地制宜。

一、设备配置原则

根据医院规模、住院床位数、专科特点、日门诊量、日手术数量等因素评估工作量，确定配置设备数量。

二、设备配置数量

应根据硬式内镜处理工作量，合理配置、设施，并根据手术量及接台手术的周转，合理配置硬式内镜及附件的数量，硬式内镜数量与内镜手术间（台）数的比例相适宜。

三、清洗、消毒、灭菌设备的要求

清洗、消毒、灭菌设备应符合国家相关标准规定。灭菌设备应合法有效，设备的使用应遵循生产厂家说明书的使用范围和方法。

四、清洗、消毒、灭菌的处理流程

腔镜的清洗消毒灭菌处理流程应遵循生产厂家提供的使用说明或指导手册。

五、基本的设施、设备

1. 清洗消毒设备

如清洗消毒器、超声波清洗器等。

2. 清洗设施和用具

如清洗水槽、压力水枪、压力气枪、各种规格的内镜清洗刷。

3. 灭菌设备

如压力蒸汽灭菌器、过氧化氢低温等离子体灭菌器、环氧乙烷灭菌器等低温灭菌设备。

4. 干燥设施、设备

5. 工作台

如污染器械分类工作台，清洗后器械检查、保养、包装工作台等。

6. 内镜及附件运送装置

如内镜器械回收专用推车、密封箱、不同规格的不锈钢篮、无菌物品发放车、硬式内镜器械盒等。

7. 水处理设备、设施

8. 防护用品

防渗透工作服或围裙、袖套、防水靴、口罩、护目镜、帽子、手套等。

9. 办公用品

备有内镜清洗灭菌登记本或联网电脑。

六、耗材要求

1. 灭菌效果监测材料

应选择取得卫生部消毒器械卫生许可批件的灭菌效果监测材料，

并在有效期内使用；不得使用未经批准的监测材料进行灭菌效果监测。

2. 清洗工具

清洗工具宜使用一次性的刷子、擦布，如重复使用应保持清洁，每天至少消毒 1 次。

第三节 工作人员的要求

实施腔镜集中供应管理的团队必须具备良好的职业素质，具体要求如下：

一、岗位设置与人员数量

设立专门的内镜清洗、灭菌岗位。根据手术量、手术时间、转运工作量等因素预评估需要设置的岗位。工作人员的数量必须满足运作所需，与本单位内镜手术工作量相适应。

二、工作人员的素质与培养

工作人员的素质包括身体、心理、专业知识要能够胜任腔镜器械一体化运作模式。工作人员应具有强健的身体，良好的心理素质，同时，还应具备内镜清洗消毒知识，接受医院感染管理方面的知识培训，向手术室从事腔镜管理工作的老师学习腔镜器械的回收、清洗、包装等操作流程与管理要点。

第四节 质量管理

腔镜的质量管理是腔镜集中供应管理的重中之重，必须严格遵守以下规程与制度：

一、建立岗位制度、岗位职责

建立硬式内镜操作岗位制度、岗位职责，确保工作质量和工作流程效率。

二、遵循使用说明或厂家指导

硬式内镜的清洗、消毒、灭菌处理应遵循生产厂家提供的使用说明书或指导手册。

三、制定专项操作技术规程

根据硬式内镜操作技术特点，制定专项操作技术规程。规程内容应包括回收、清洗、消毒、干燥、器械检查保养、包装、灭菌等操作技术及要求。

四、效果监测和流程记录

应进行硬式内镜清洗、消毒、灭菌效果监测，建立清洗、消毒、灭菌等关键流程的记录，记录内容应遵循《医院消毒供应中心清洗消毒及灭菌效果监测标准（WS310.3–2009）》的要求。

五、加强检查、核对

加强硬式内镜器械流程与制作中的检查、核对，提高器械功能完好性，降低器械损坏的风险。

六、建立沟通反馈机制

建立与使用科室的沟通反馈机制，保障工作质量和供应效率。

七、定期维修和保养

灭菌设备应做到定期维修和保养，具体操作应按照不同设备的生产厂家使用说明书或指导手册进行。

第五节 职业防护

从事腔镜集中供应管理工作时，很容易造成职业暴露，需要小心谨慎地应对每个工作环节和细节，坚持不懈地做好职业防护，具体措施如下：

一、配置清洗装备

去污区应配置洗眼装置，去污区和检查包装区应分别配置流动水洗手设施和速干手消毒剂，方便工作人员随时进行手卫生。

二、穿戴个人防护用品

清洗工作人员应穿戴个人防护用品，包括帽子、手套、护目镜或防水面罩、隔离衣或防水围裙、专用防护鞋。

三、避免锐器损伤

硬式内镜器械处理过程中应注意防护，避免锐器损伤。

四、采取适宜的职业防护措施

根据不同的消毒灭菌方法，采取适宜的职业防护措施。压力蒸汽灭菌应防止皮肤灼伤。环氧乙烷应严防发生燃烧和爆炸，工作环境应保持通风良好，预防环氧乙烷对人体的危害。液体化学消毒、灭菌应防止过敏及对皮肤黏膜的损伤。

五、血源性病原体职业防护

血源性病原体职业暴露时应按照 GB/T 213-2008《血源性病原体职业接触防护导则》执行。

第三章　医疗内镜的回收与保养

医疗内镜器械回收应避免工作人员感染，为防止二次污染，应根据污染物品的危险程度进行分类，采用防渗漏的整理箱或器械盒密闭后回收。所有回收的医疗内镜器械均视为污染物，工作人员必须遵循标准预防技术。回收后的污染物品应及时处理，回收污染物品的容器必须先彻底清洗，在清洗的基础上消毒或灭菌。

第一节 回收操作原则

回收医疗内镜时，最容易发生内镜损坏、二次污染和职业暴露，工作人员必须遵循以下操作原则：

一、保护好内镜

根据硬式内镜及器械、附件易损、易碎等特点，内镜护士应对内镜采取适宜的保护措施，确保内镜不受损伤。

二、对内镜进行预处理

硬式内镜、器械及附件使用后应进行擦拭或用流动水冲洗，将可重复使用的硬式内镜、器械及附件与普通手术器械分类，置于密封的容器中，做好醒目标识。宜采用与手术室连接的专用污染电梯运送。

三、特殊感染内镜器械的回收

被朊毒体、气性坏疽及突发原因不明的传染病体污染的内镜、器械及附件等物品，使用科室应单独双层封闭包装，单独放置，并注明感染性疾病名称，由消毒供应中心单独回收处理。

四、及时处置回收工具

回收工具包括整理箱或盒子，每次使用后应及时清洗、消毒处理，并保持干燥备用状态。

第二节 回收操作步骤

内镜的回收工作是内镜集中供应管理的首要环节，也是最关键的环节，回收工作质量直接影响到内镜集中供应管理的质量，同时，关系到使用科室和工作人员的满意度。因此，在执行此项工作需遵循如下操作流程：

一、做好职业防护

回收人员规范着装，着长袖工作服，戴圆帽、口罩，必要时穿防护衣，避免自身被污染或感染，做好职业防护措施，确保自身安全。

回收人员若手部有伤口时，暂不宜从事回收工作，如必须进行回收时应用防水胶布小心包扎，并戴双层乳胶手套，避免受伤的手接触所有的污染物品。

二、回收用物准备齐全

回收用物为:密闭容器、运送车、一次性手套、酶液湿化壶、标记笔，必要时预备有效消毒剂及抹布。

三、清点器械数量

清点器械时注意器械是否完整，内镜镜面、螺钉、垫圈、密封圈是否缺失或损坏。

四、检查器械功能状态

1. 目测光学目镜：清晰、无裂痕、无破损。

2. 导光束及摄像头连接线：无打折，表面无划痕、无破损。

3. 器械及附件齐全,组合器械的配件、垫圈、密封圈齐全,且无损坏、无缺失；操作钳闭合完好等。

4. 核对清单登记器械与实收器械并签字，器械损坏、缺失或数量差异应立即与使用科室相关人员沟通。

五、回收操作流程

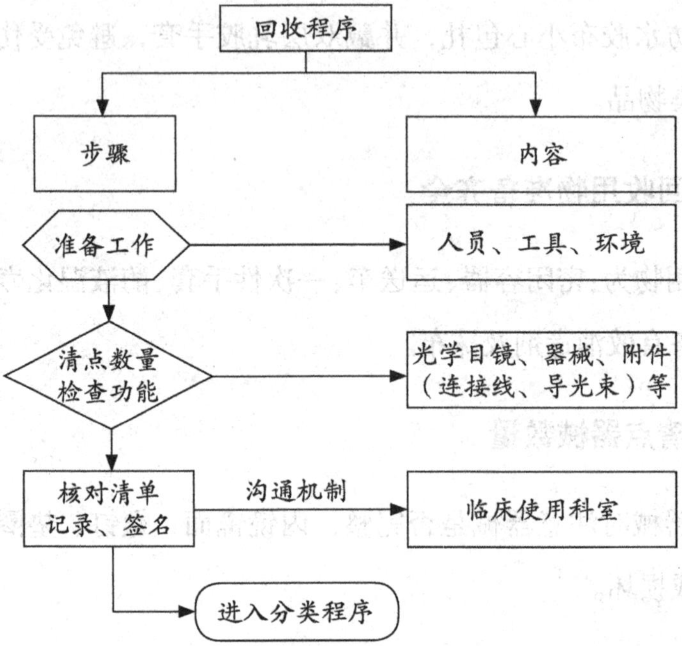

回收程序
步骤
内容
准备工作
人员、工具、环境
清点数量
检查功能
光学目镜、器械、附件（连接线、导光束）等
核对清单
记录、签名
沟通机制
临床使用科室
进入分类程序

图 3-1 操作流程图

第三节 回收的质量控制与保养

工作人员在回收内镜的过程中，要做好每个环节的质量控制，以确保回收质量，控制措施详见如下：

一、检查使用科室是否做好预处理

腔镜手术结束后，使用者立即用流动水冲洗，除去血液、黏液等污染物，管腔器械应使用高压水枪进行管腔冲洗。在手术量大、清洗人员少的情况下，如果大量的下台器械不能得到及时预清洗，也应对最早下台的手术器械进行预处理并进行保湿处理，防止血渍、脓液等有机物干涸影响清洗效果。

二、光学目镜应使用带盖带卡槽的专用盒（见图 3–2）

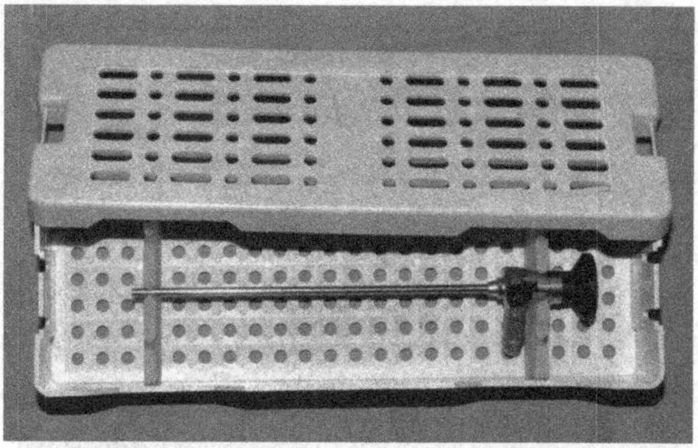

图 3–2 带盖带卡槽的专用盒

三、注意保护穿刺鞘类器械

保护穿刺鞘类器械要使用固定架，器械使用带卡槽的专用盒（图 3–3）或器械保护盒垫（图 3–4），以防运输途中相互碰撞损坏器械。

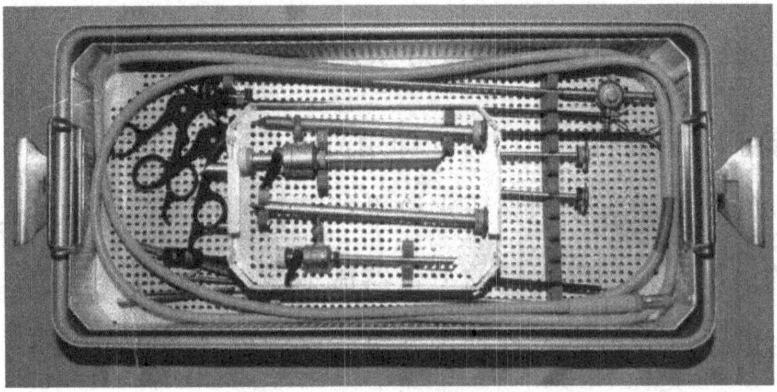

图 3–3 带卡槽的专用盒

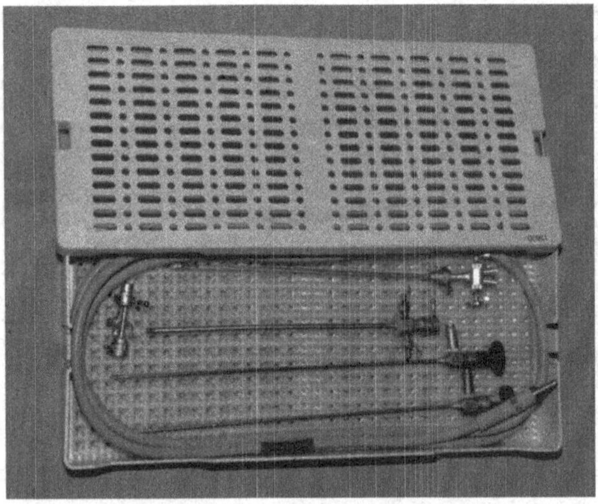

图 3–4 器械保护盒垫

四、做好标识

为避免器械混淆，可设置标识牌。

五、检查内镜各项功能

重点检查目镜清晰度、器械功能、配件是否齐全，如回收交接时，检查发现目镜不透光，“很暗”（图 3–5），应当即与手术室负责护士进行沟通，如存在分歧，应与手术室护士现场共同检查确认（图 3–6），并在回收清单上注明损坏的部位、程度，双方签名。

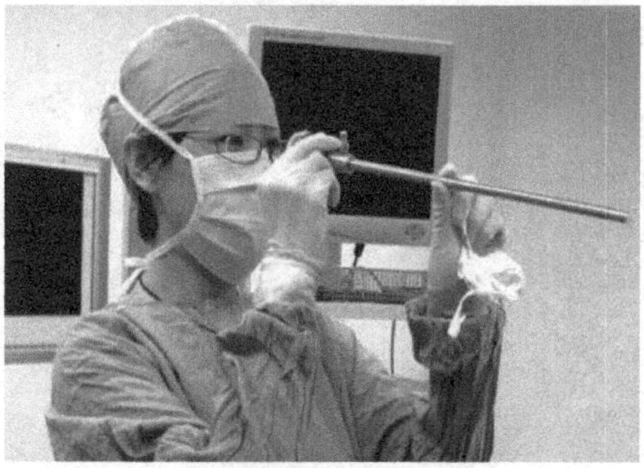

图 3–5 目镜的透光检查

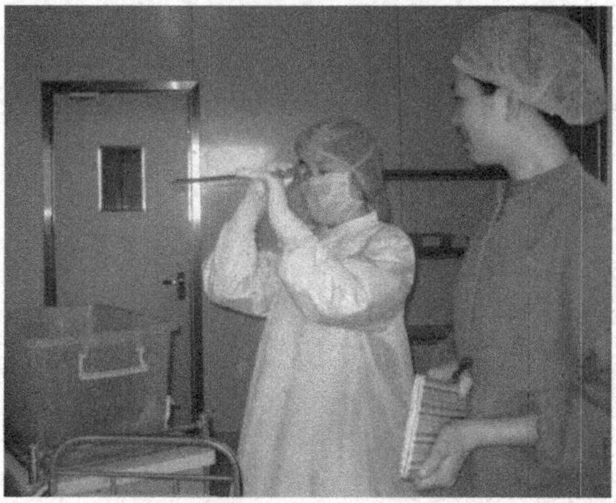

图 3–6 如有质量问题双方共同检查确认

六、运载过程的质量控制

内镜器械在装载、搬运过程中应做到轻拿轻放，以防碰撞损坏，并按规定路线运送污染器械至 CSSD 回收入口。

七、做好职业防护

所有回收的内镜器械均视为污染物品，回收人员须戴手套后方可接触污染内镜器械。禁止工作人员裸手接触污染内镜器械。脱去手套后，需采用七步洗手法认真洗净双手。

第四章　医疗内镜的分类处置与保养

手术完毕，将使用后的内镜附件及器械根据其材质分为可浸泡类和不可浸泡类，对其进行分开处置。

第一节 分类操作原则

内镜分类原则一般是遵循内镜的材质、污染程度等进行分类，具体细则如下：

一、分类原则

根据硬式内镜、器械及附件的污染程度、精密程度、材质、结构、器械的拆卸等特点进行分类。

二、处置方法

按内镜器械材质、构造及精密程度是否耐湿耐热的不同，将其分为可浸泡内镜器械和不可浸泡内镜器械，分类后分别置于不锈钢筛篮中。

1. 可浸泡内镜器械

各种内镜操作钳、Tracer、气腹针、硅胶管、标本袋、光学镜头。

2. 不可浸泡内镜附件及器械

摄像头、导光束、电凝线、超声刀手柄、超声刀头、电子镜头等。

3. 预处理

根据硬式内镜、器械及附件的污染程度不同进行清洗预处理。

4. 醒目标识

应根据器械及附件结构、拆卸情况等特点进行适当分类，使用清洗标识牌。

第二节 分类操作步骤

分类操作须遵循以下步骤：

一、工作人员自身防护

操作人员规范着装，注意个人防护，应穿隔离衣或防水围裙，戴帽子、口罩、手套。

二、准备好分类工具

分类工具包括：清洗筐、标识牌、器械架等。

三、分类装载

进行器械分类，耐热耐湿器械与不耐热耐湿器械分别装载，方便清洗。

四、器械拆分后装筐原则

组合器械拆分后必须放置在同一清洗筐内，小物件应选择密纹清洗筐，并检查螺帽、垫圈、密封圈是否缺失或损坏（图 4–1）。

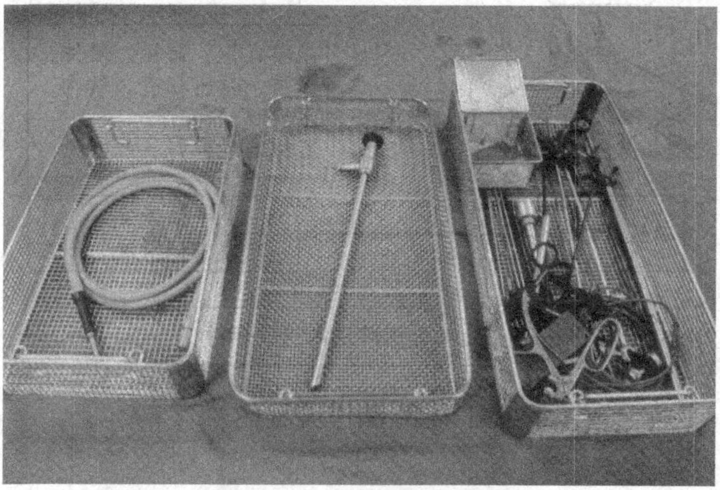

图 4–1 器械拆分装筐

五、准确标识

放入标识牌，例如注明来源、器械组合标识牌。

六、分类操作流程图

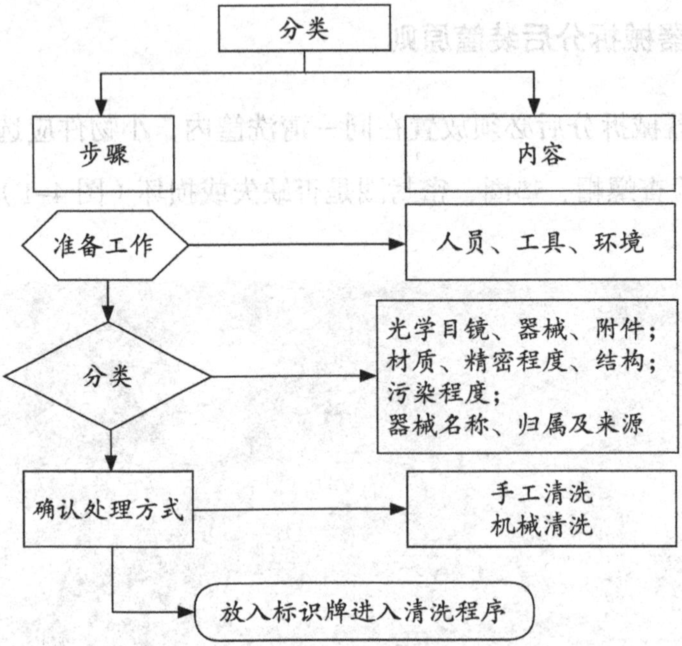
分类
步骤
内容
准备工作
人员、工具、环境
分类
光学目镜、器械、附件；
材质、精密程度、结构；
污染程度；
器械名称、归属及来源
确认处理方式
手工清洗
机械清洗
放入标识牌进入清洗程序

图 4-2 操作流程图

第三节 分类的质量控制与保养

做好分类过程中各个环节的质量控制，确保分类准确，使得清洗、包装工作有序进行。

一、准确分类

安排专人对所回收的内镜进行分类，明确责任。

二、分类放置

应根据内镜的材质及功能分类分区放置硬式与软式内镜及其附件器械。

三、醒目标识

按照内镜器械材质和构造的不同，分类放置于可浸泡内镜器械和不可浸泡内镜器械的网篮内，同时，放入标识牌。

四、分类处置

可浸泡内镜器械与不可浸泡内镜不可混放，以免清洗方法选择不当导致损坏。

五、保护好内窥镜

内窥镜的镜管很薄，受到挤压、磕碰、折弯、落地等情况就会弯曲变形，导致镜片破损或光轴偏移而造成图像不清楚或不能使用。装载时宜将内窥镜放在内衬柔软的海绵或聚氨酯泡沫的托盘等硬质容器内，必须单独放置，避免与其他器械发生碰撞。分类人员从整理箱中取出或放入硬管内窥镜时，应双手平托，轻轻地取出或放入，切忌提起一段拽出。

第五章 医疗内镜的清洗与保养

国内大多数医院一般都存在着内镜少、患者多、使用频率高的情况，频繁的周转往往会使内镜存在着清洗消毒不彻底的现象。从器械本身而言，清洗不及时，污垢会对器械造成损害，缩短器械使用寿命，增加成本；从医疗安全角度而言，任何残留污染物都会直接影响有效的高水平消毒及妨碍灭菌介质的穿透，并使细菌生成保护膜，导致消毒灭菌失败。因此，清洗是祛除内镜微生物负荷和延长内镜使用寿命最重要的一步。

第一节 清洗操作原则

清洗包括机器清洗和手工清洗。机器清洗适用于大部分常规器械的清洗，分为超声清洗器清洗和喷淋式全自动或半自动清洗机清洗。手工清洗适用于内镜机械和精密器械的清洗以及重度污染器械的初步处理。目前内镜器械清洗采用手工清洗和超声清洗器清洗相结合的方式。主要的清洗原则如下：

一、分类清洗

根据器械的材质选择合适的清洗方法，确保清洗质量及器械的功能良好。

二、合理选择清洗方法

按照内镜器械的使用说明书选择清洗方法。由于不同类型的内镜、器械及附件材料与结构不同，从而清洁和灭菌的方法也不同。医疗器械的制造商对其器械的结构设计和使用材料最了解，因此，推荐和验证的清洗与灭菌技术应该是最有效的。因为这种清洗与灭菌技术被严格测试和经过反复验证后方才记录在使用说明中。如不遵照医疗器械制造商的书面使用说明，可能会对患者造成安全隐患以及对器械造成损坏。

硬式内镜、器械及附件可采用手工清洗的方法，也可采用专用内镜器械清洗架进行机械清洗。

三、器械拆卸至最小单位进行清洗

腔镜器械精密、复杂，各种管腔、关节、齿槽、缝隙较多，整件一起清洗难以达到良好的效果，因此，对手术使用后的腔镜器械可拆卸部分必须拆开至最小单位来进行清洗，确保器械的清洗质量。

四、彻底清洗

清洗后的器械表面光亮无污垢、无锈斑、无血迹；器械关节灵活；管腔内外清洁、干净、管腔通畅。

第二节 清洗消毒操作步骤

清洗步骤包括分类、冲洗、洗涤、超声波清洗、漂洗和终末漂洗。

一、手工清洗消毒操作步骤

（一）职业防护

工作人员清洗硬式内镜、器械及附件时，应当穿戴必要的防护用品，包括工作服、防水围裙、口罩、护目镜、帽子、手套等。

（二）清洗用具的准备

清洗消毒设备、物品准备：包括流动水清洗槽、超声波清洗器、高压水枪、干燥设备、刷子等用具。

（三）光学目镜的清洗消毒

1. 光学目镜手工清洗时，宜单独清洗，轻拿轻放，可放置在胶垫上防止滑落，注意防止划伤光学目镜镜面。光学目镜不宜使用超声清洗。

2. 流动水清洗（见图 5–1）。

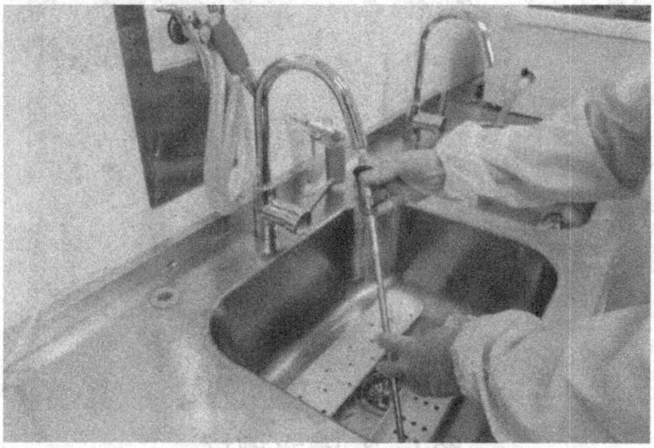

图 5–1 流动水清洗

3. 使用含医用清洗剂的海绵或软布进行洗涤（见图 5-2）

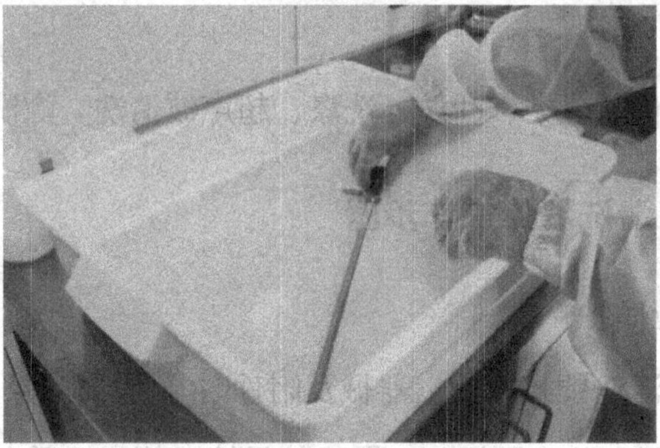

图 5-2 使用含医用清洗剂的海绵或软布进行洗涤

4. 流动水漂洗。

5. 软水、纯化水或蒸馏水终末漂洗。

6. 消毒：可采用 75% 乙醇进行擦拭消毒。

（四）导光束及连接线的清洗消毒

1. 清水擦拭导光束及连接线的两端，中间导线部分按标准手工清洗流程进行冲洗。（见图 5-3）

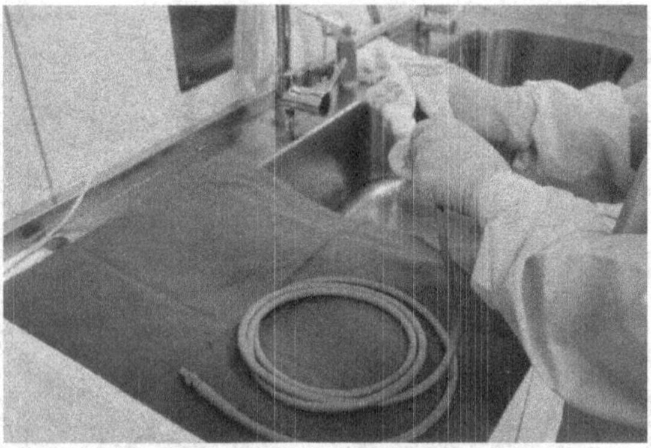

图 5-3 清水擦拭

2. 使用含医用清洗剂的海绵或软布擦拭导光束及连接线的两端，中间导线部分按标准手工清洗流程进行洗涤。

3. 清水漂洗，方法同光学目镜的清洗消毒。

4. 软水、纯化水或蒸馏水终末漂洗，方法同光学目镜的清洗消毒

5. 消毒：可采用 75% 乙醇进行擦拭消毒。

（五）器械及附件清洗消毒

1. 预处理：用流动水初步冲洗，除去血液、黏液等污染物（见图 5–4），管腔器械应使用高压水枪进行管腔冲洗（见图 5–5）

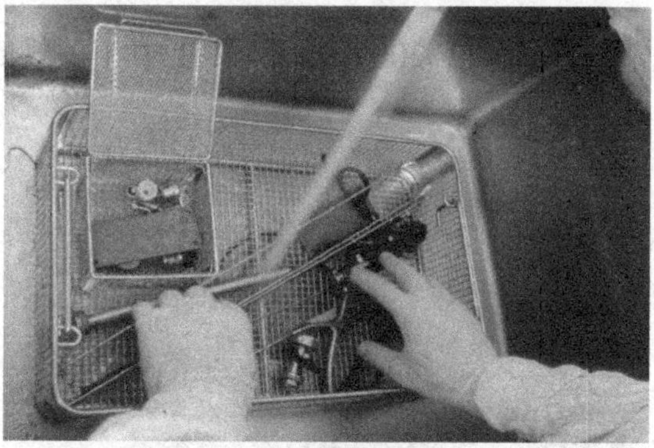

图 5–4 流动水初步冲洗

图 5–5 高压水枪冲洗管腔

2. 器械拆卸：器械可拆卸部分必须拆开至最小单位。

3. 冲洗：器械拆卸后进行流动水冲洗，小的精密器械附件放在专用的密纹清洗筐中防止丢失。

4. 洗涤：应用医用清洗剂进行器械及附件的洗涤，于水面下进行刷洗。器械的轴节部、弯曲部、管腔内用软毛刷彻底刷洗。

5. 超声清洗：可超声清洗的器械及附件使用超声波清洗器进行超声清洗，时间为 3—5 分钟，可根据器械污染情况适当延长清洗时间，但不宜超过 10 分钟（见图 5-6）。超声清洗的方法符合《清洗消毒及灭菌技术操作规范（WS301.2-2009 ）》附录 B 中相关规定。

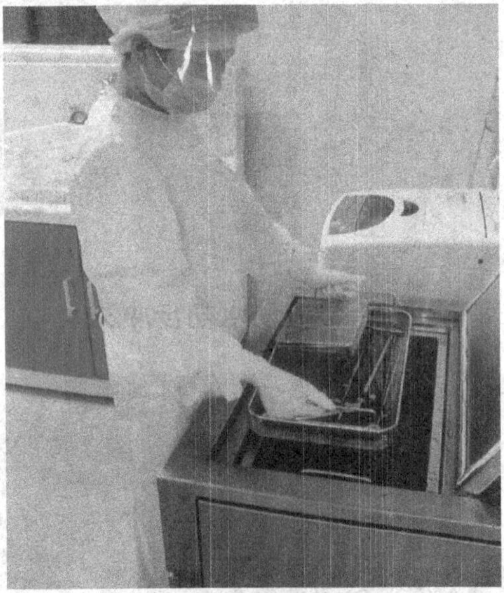

图 5-6 超声波清洗

6. 漂洗：流动水冲洗器械及附件。管腔器械应用高压水枪进行管腔冲洗，管腔器械水流通畅，喷射的水柱成直线、无分叉。

7. 终末漂洗：应用软水、纯化水或蒸馏水进行器械及附件的彻底冲洗。

8. 消毒：清洗后的内镜器械及附件应进行消毒。可采用湿热消毒法或采用 75% 乙醇进行消毒。

二、机械清洗消毒操作步骤

（一）职业防护

工作人员着装及防护与手工清洗操作相同。

（二）设备及物品准备

设备及物品准备主要包括清洗消毒机、内镜器械专用清洗架、清洗网筐、带盖密纹清洗筐以及手工清洗使用设备及用品（见图 5–7）。

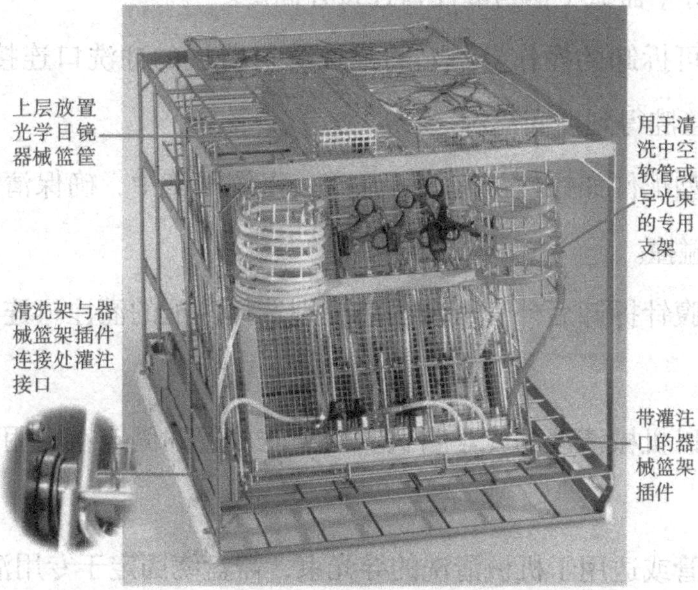
上层放置光学目镜器械篮筐
用于清洗中空软管或导光束的专用支架
清洗架与器械篮架插件连接处灌注接口
带灌注口的器械篮架插件

图 5–7 内镜器械专用清洗架

（三）手工预处理

用流动水初步冲洗，去除血液、黏液等污染物。管腔器械应使用高压水枪进行管腔冲洗。器械可拆卸部分必须拆卸至最小单位，小配件使用小型带盖密纹清洗筐妥善放置。

（四）器械清洗架装载操作

根据生产厂家使用说明书正确将器械上架装载。

1. 管腔器械的阀门应处于打开状态，将管腔连接到型号匹配的灌注装置上，以确保管腔的彻底冲洗。

2. 可拆卸的操作钳、剪类器械完成拆卸后，功能内芯固定放置在器械篮筐中并确保轴节、钳口充分张开；器械外套管连接匹配灌注套管并固定好；器械手柄与灌注口连接并固定。

3. 不可拆卸的操作器械，将灌注管与器械的冲洗口连接并固定，确保器械管腔得到彻底清洗。

4. 小型配件如螺帽等需放置在带盖密纹网筐中，确保清洗过程中无掉落和碰撞。

5. 气腹针拆卸后外套管和内芯分别选择匹配的灌注口连接，妥善固定。

6. 可以机械清洗的光学目镜，需独立放置并固定在专用篮筐中进行清洗。

7. 软管或适用于机械清洗的导光束，需盘绕固定于专用清洗架上，中空软管如气腹管或冲洗管需连接灌注接口，确保管腔得到彻底的清洗和干燥。

（五）选择并启动清洗消毒程序

清洗消毒程序包括预洗、主洗（加含酶清洗剂 / 碱性清洗剂）、漂洗（若用碱性清洗剂，则需中和）、终末漂洗、消毒和干燥。终末漂洗、消毒应使用纯化水。预洗阶段水温应≤ 45℃。湿热消毒的温度应≥ 90℃，时间≥ 1 分钟，或 AO 值≥ 600。

（六）内镜器械湿热消毒的温度与时间要求（见表 5-1）

表 5-1 湿热消毒的温度与时间

温热消毒方法	温度 /℃	最短消毒时间 /min
消毒后直接使用	93	25
	90	5
消毒后继续灭菌处理	90	1
	80	10
	75	30
	70	100

三、清洗消毒操作流程

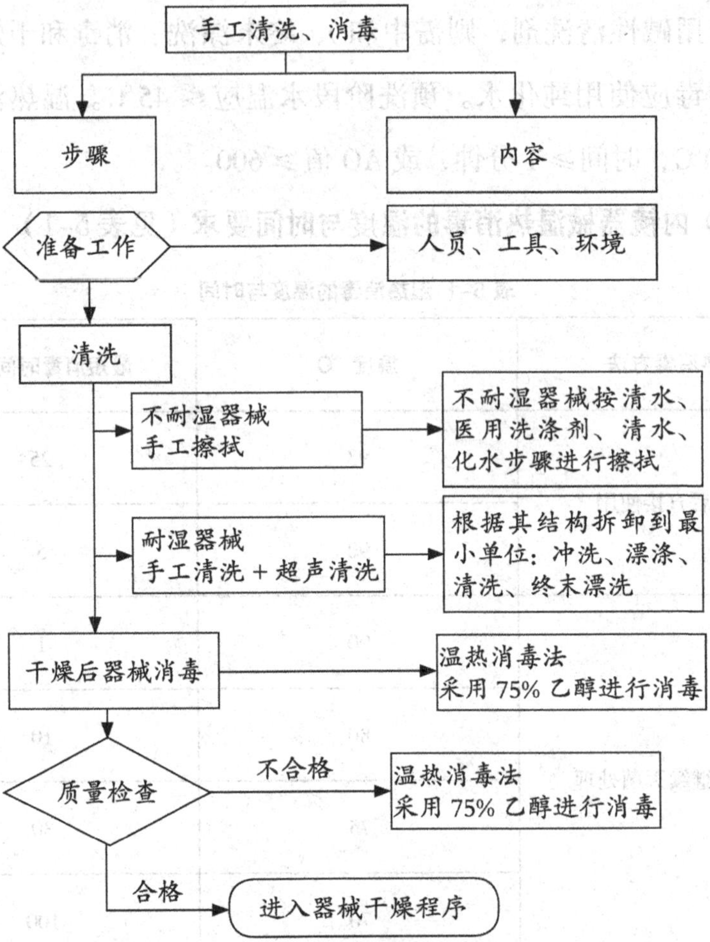

手工清洗、消毒
步骤
内容
准备工作
人员、工具、环境
清洗
不耐湿器械
手工擦拭
不耐湿器械按清水、
医用洗涤剂、清水、
化水步骤进行擦拭
耐湿器械
手工清洗＋超声清洗
根据其结构拆卸到最
小单位：冲洗、漂涤、
清洗、终末漂洗
干燥后器械消毒
温热消毒法
采用75%乙醇进行消毒
质量检查
不合格
温热消毒法
采用75%乙醇进行消毒
合格
进入器械干燥程序

图5–8 手工清洗、消毒操作流程图

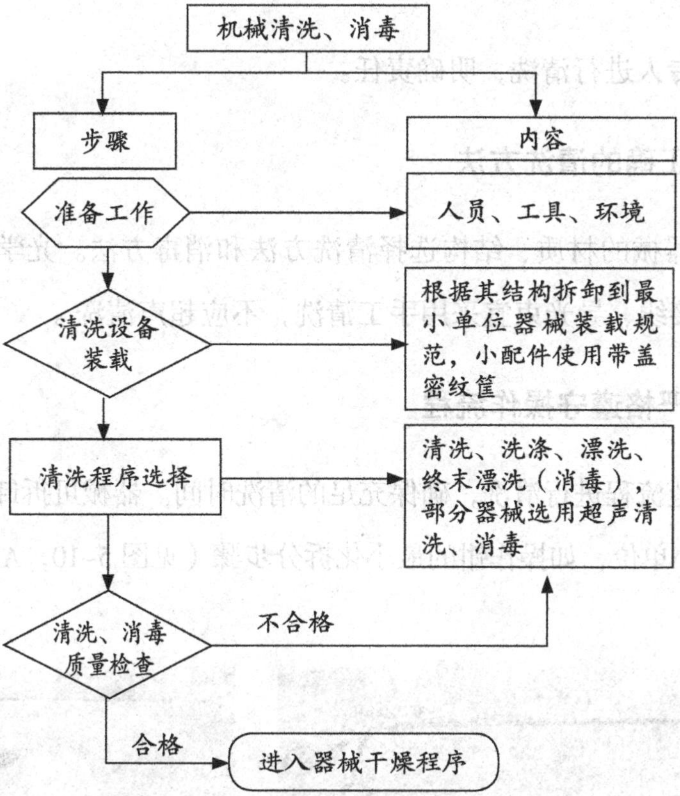
机械清洗、消毒
步骤
内容
准备工作
人员、工具、环境
清洗设备装载
根据其结构拆卸到最小单位器械装载规范，小配件使用带盖密纹筐
清洗程序选择
清洗、洗涤、漂洗、终末漂洗（消毒），部分器械选用超声清洗、消毒
清洗、消毒质量检查
不合格
合格
进入器械干燥程序

图 5–9 机械清洗、消毒操作流程图

第三节 清洗质量控制与保养

清洗是可重复使用内镜处理的重要步骤，关系到灭菌效果的成败，必须对清洗的每一个环节进行质量控制。

一、专人负责

安排专人进行清洗，明确责任。

二、正确的清洗方法

根据器械的材质、结构选择清洗方法和消毒方法。光学目镜、摄像系统连接线、导光束宜采用手工清洗，不应超声清洗 。

三、严格遵守操作流程

按规范流程进行清洗，确保充足的清洗时间。器械可拆卸部分必须拆开至最小单位，如操作钳的最小化拆分步骤（见图 5-10，A、B、C）

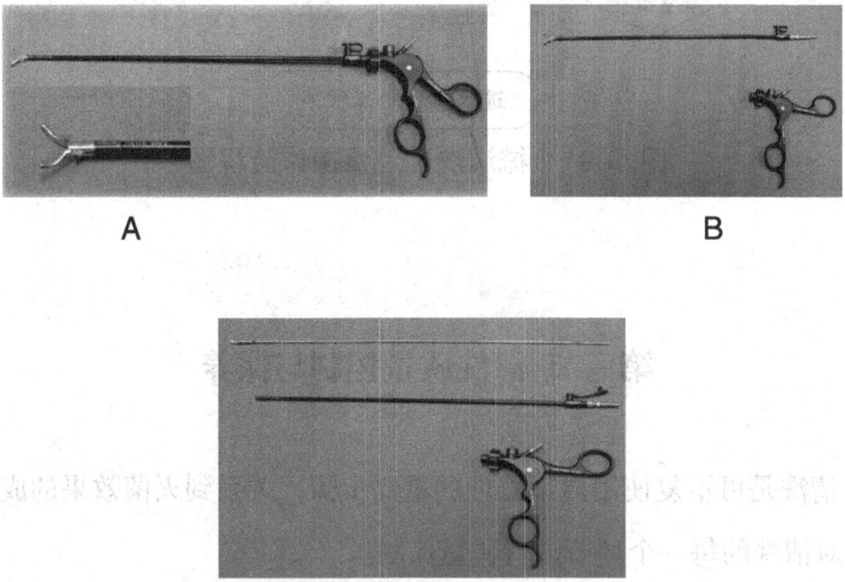

A　　B

C

图 5-10 操作钳的最小化拆分步骤

手工清洗时，每清洗一套内镜应更换医用清洗剂溶液，器械清洗后，应放置在清洁台或清洁区内，避免二次污染。对于有管腔的器械，需要进行管腔内壁的刷洗和用高压水枪的冲洗。

四、机械清洗应遵循使用说明书

机械清洗应遵循生产厂家的使用说明书进行清洁、检查与维护。医用清洗剂的配置和浸泡时间参照生产厂家的使用说明书。机械清洗时，应确认清洗消毒程序的有效性，观察运行参数并记录保存，需符合《清洗消毒及灭菌效果监测标准（WS310.3–2016）》的规定。

机械清洗时，每件器械均应单独放置，管腔正确连接到匹配的灌注接口，确保水流充分接触器械表面和管腔。

五、保持清洗用物清洁

清洗槽、清洗工具每天使用后应进行消毒处理，可选用500—1000mg/L含氯消毒液。

六、制定腔镜器械质量控制流程图

有条件时应建立腔镜器械质量控制流程图，对重点环节与重点部位进行标注与指引说明，减少人为操作导致的错误与损坏。（图5–11）

胸腔镜

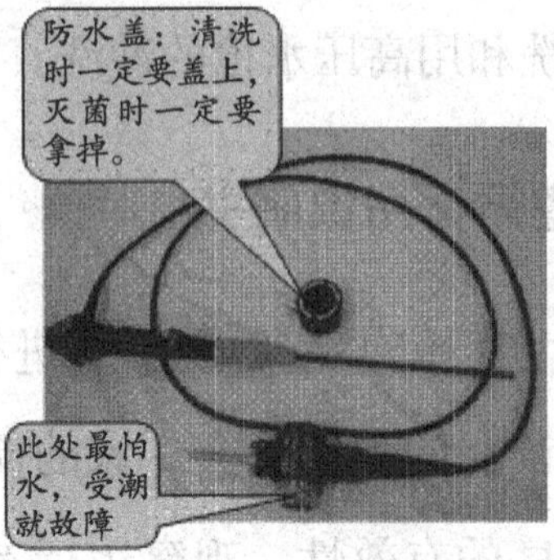
防水盖：清洗
时一定要盖上，
灭菌时一定要
拿掉。
此处最怕
水，受潮
就故障

图 5-11 腔镜器械质量控制流程图

七、注意事项

普通的内窥镜都不耐高温高压，主要是由于封装胶在高温下会变质、变形，内窥镜就会开胶进水，所以不可用煮沸和高压蒸汽等高温高压的方法消毒。

第四节 内镜器械清洗质量的监测

目前，国内外尚无统一的定量标准来评价内镜器械清洁的效果，研究人员正致力于探寻快速有效的方法来检测清洗后的残留物。临床上一般采用目测法来检测清洁效果，实验室方法主要有潜血观察法、蓝光观察法、硫酸铜 - 蛋白测定法、细菌培养计数法、ATP 生物荧光法。

一、清洗质量监测

（一）检查内容

应在检查包装前目测检查，并借助带光源放大镜检查，清洗后的硬式内镜或拆分的零部件及附件应表面光洁，无血渍、污渍、水垢、锈斑等残留物质。

（二）监测频次

1. 日常监测　硬式内镜在包装时进行目测检查，可借助带光源放大镜检查，每天记录检查结果。

2. 定期抽查　每日应至少抽查 3 个待灭菌的硬式内镜、器械及附件包的清洗效果，检查方法和内容同日常监测，并记录监测结果。

3. 定期监测　可定期使用清洗测试物进行检测。

二、清洗质量监测方法

（一）目测法

即清洗人员或检测人员通过肉眼观察器械表面并作出评价。器械表面光亮，无污渍和血迹，则判断为清洁；器械表面仍可见污迹和血迹，则判断为不清洁。这种评价清洗效果的方法受主观因素的影响较大，绝大多数腹腔镜器械都存在管腔，无法直接观察其内部情况，而且结构复杂，材质特殊，表面凹凸不平，即使是器械表面也很难准确判断，因为目测只能观察到粒径＞ 50 μm 的污染物质，散在器械中的微量血红蛋白无法观察得到。

（二）潜血观察法

利用血红蛋白中的含铁血红素部分有催化过氧化物分解的作用，能催化试剂中的过氧化氢分解释放新生态氧，氧化色原物质呈色。呈色的深浅反映了血红蛋白量的多少，目前主要利用其原理制成试纸或快速诊断试剂盒，方便临床使用。使用的试剂对血液或体液中的血清敏感性强，可检测到5mg/L以上的血清含量。潜血观察法能在目测合格的基础上进一步检查出目测尚未发现的残留物，是比目测法更为准确的检测法。

（三）蓝光观察法

由于血液富含过氧化物酶，可通过酶反应监测残留血液。蓝光观察是利用血液中的过氧化物酶，在内镜表面有过氧化氢时，隐色化合物的氧化使内镜表面颜色发生改变，通过颜色变蓝可判断内镜表面有残留血液。此法可检测出0.1ug热变性的残留血液，有明显的颜色变化，主要用来监测有机物含量。

（四）硫酸铜－蛋白测定法

从采样点采集蛋白且浮于碱性溶液中，当硫酸铜加入此液时，铜离子与蛋白的肽结合，形成紫色的蛋白－铜链，蛋白浓度越大，反应物颜色越深。此法在10分钟内可检测出低水平蛋白量。

（五）细菌培养计数法

细菌培养计数法是医疗器械清洗效果的传统检测方法，虽能准确反映清洗的效果和污染程度，但其仅代表细菌污染的水平，不能代表各种有机物的污染程度，而且需要48小时才能得出结果，因此，极少用于医疗器械清洗效果的检测。

（六）ATP 生物荧光法

三磷酸腺苷（ATP）广泛存在于各类生物体中，该检测技术是基于在荧光素酶的参与下与 ATP 反应生成荧光素氧化产物发出荧光，而荧光强度与 ATP 的量成正比，检测结果间接反映出微生物或有机物的含量。ATP 检测结果是相对吸光值（RLU）来表示 ATP 的浓度，以此反推微生物和有机物污染物体内外表面的程度，多用于实验室检测。

以上这些方法中，除目测法以外，其他检测方法多因试剂昂贵，操作复杂，只能用来定期监测。

第五节 常见内镜器械清洗的拆卸步骤图

在清洗内镜时，凡是可以拆卸的部分都要拆卸至最小单位，以利于内镜的彻底清洗。

一、穿刺器的拆卸步骤图

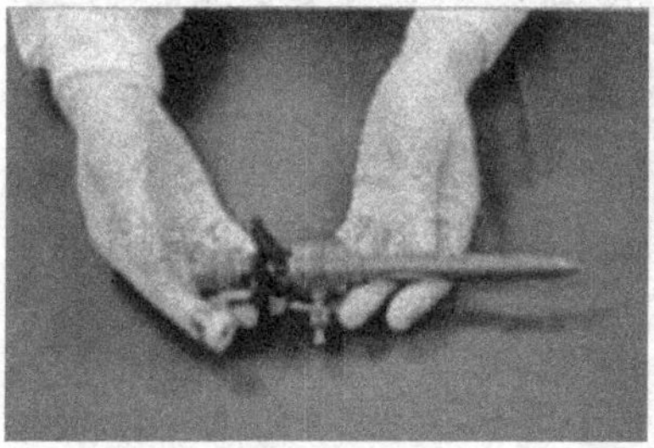

（1）准备

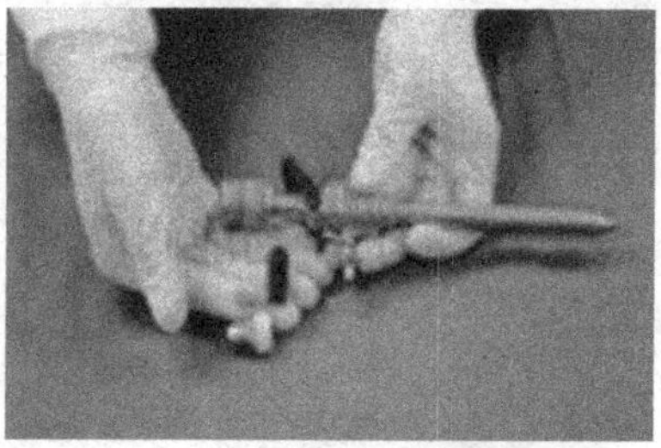

（2）拆卸转换器

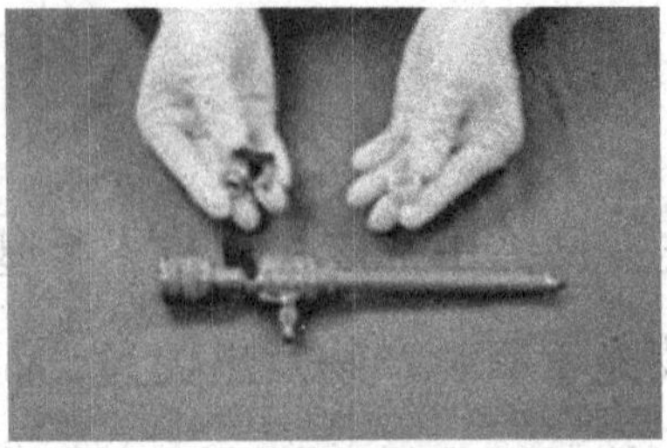

（3）拆卸转换器密封帽

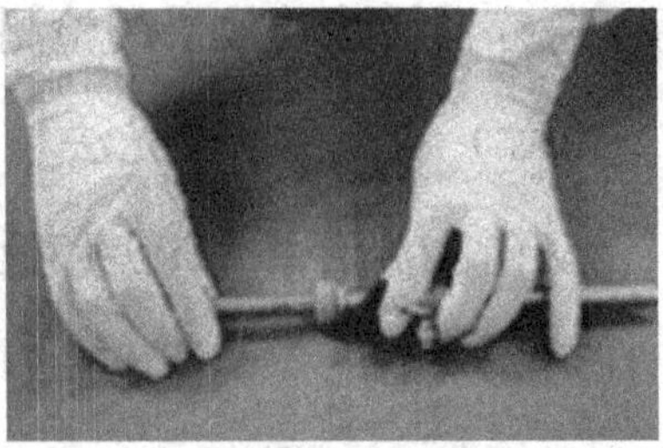

（4）拔出穿刺器内芯

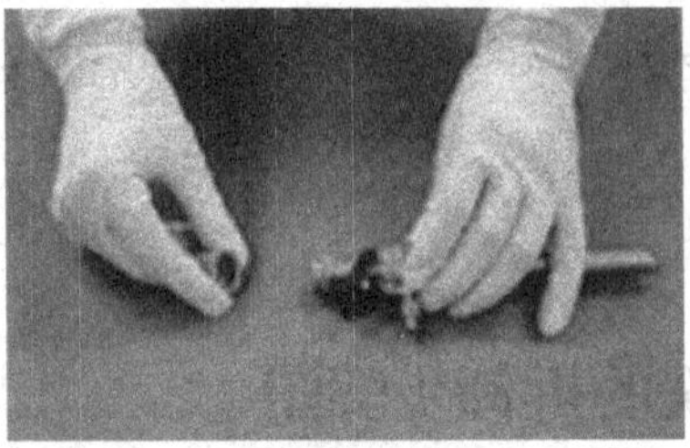

（5）拆卸穿刺器密封帽

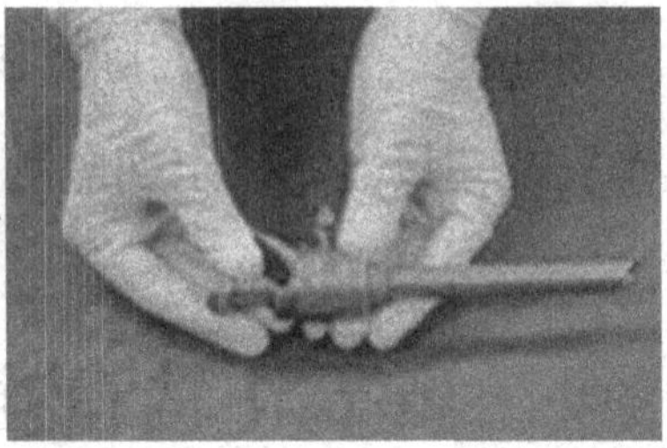

（6）旋转多功能阀

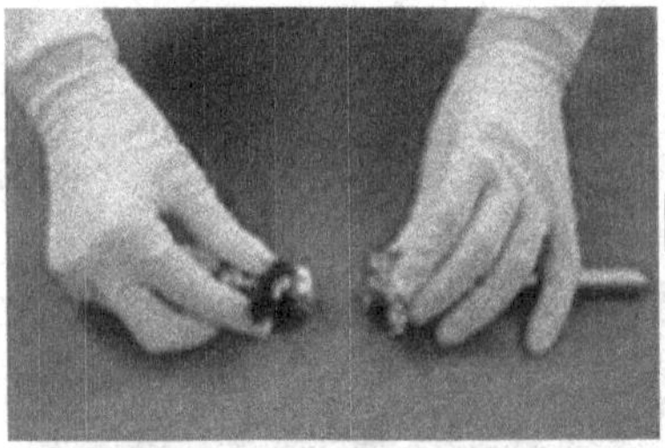

（7）拆卸多功能阀

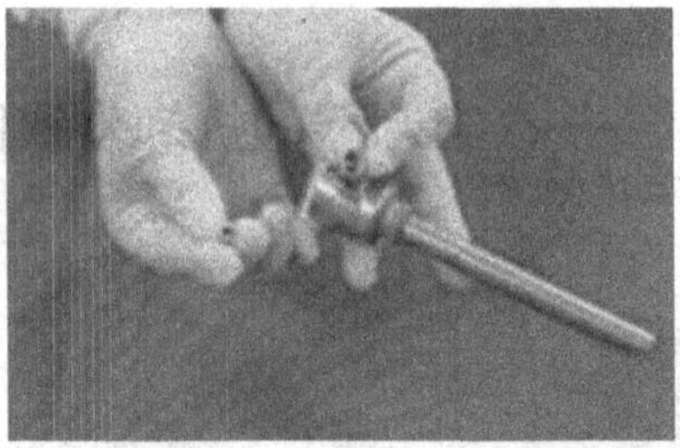

（8）拆卸通气开关帽

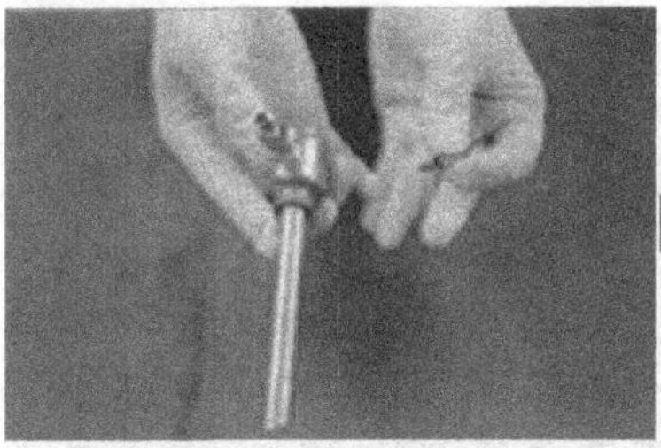

（9）拆卸通气开关

（10）完成

二、气腹针的拆卸步骤图

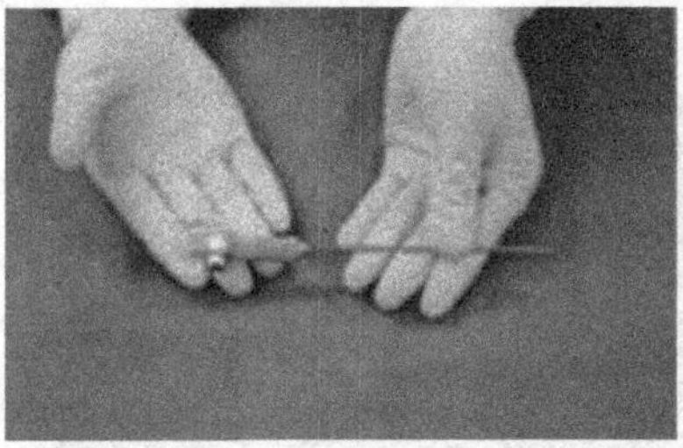

（1）准备

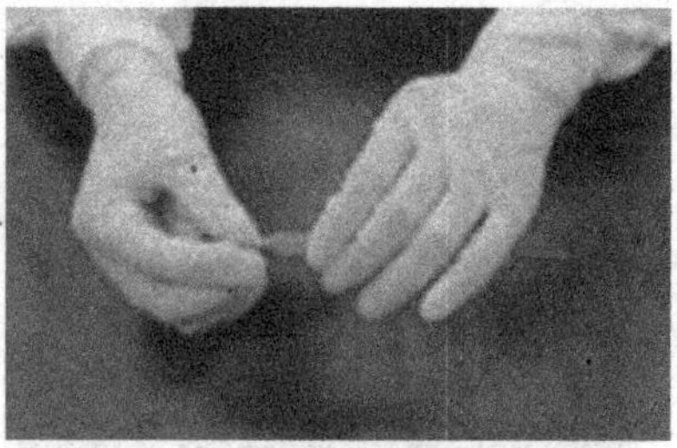

（2）旋开气腹针套管

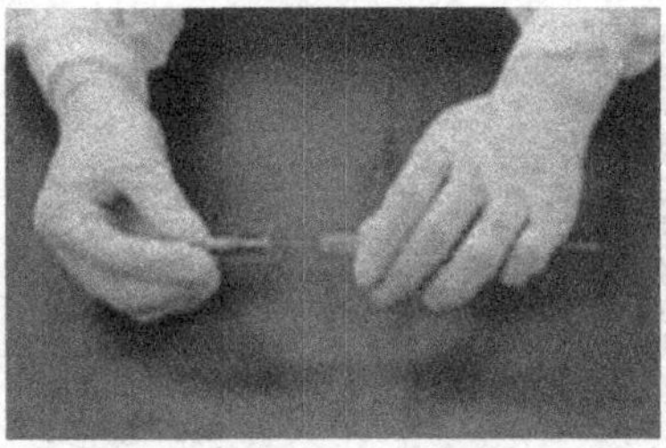

（3）拔出气腹针内芯

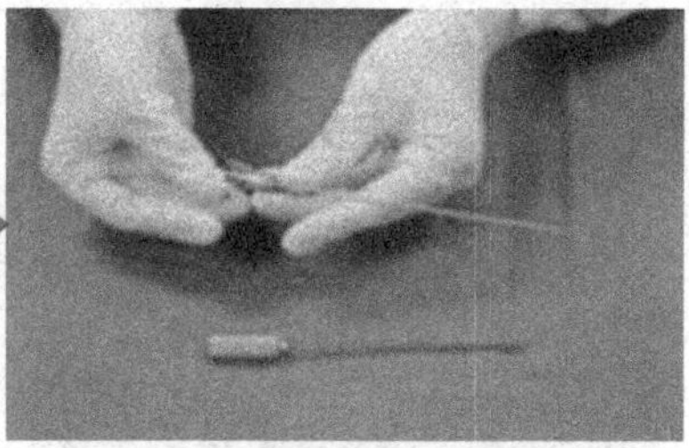

（4）拆卸通气开关帽

（5）拆卸通气开关

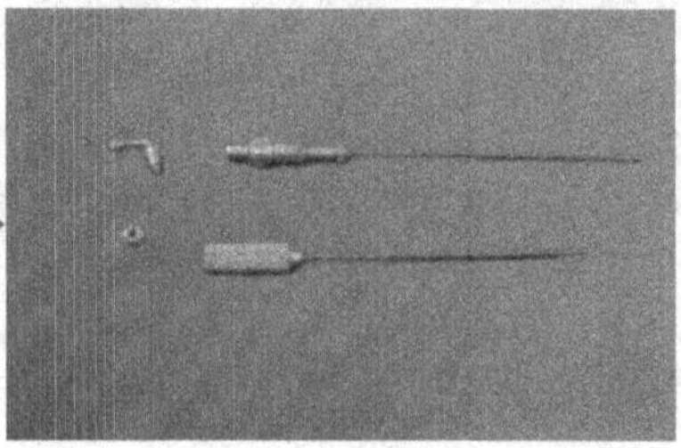

（6）完成

三、操作钳的拆卸步骤图

（1）准备

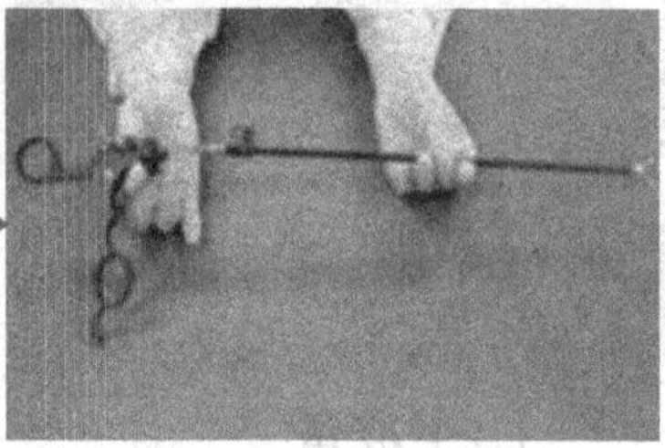

（2）拆卸柄

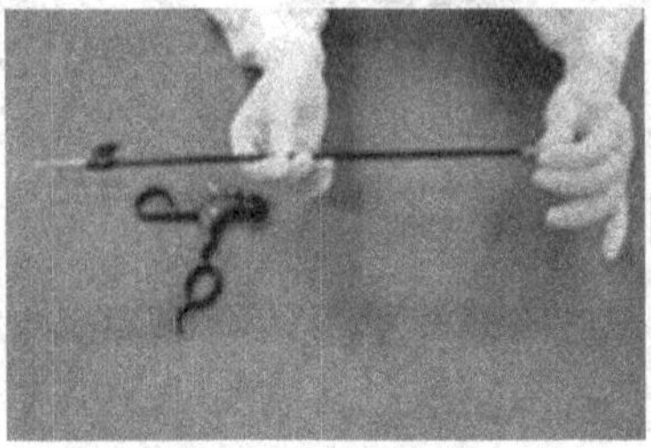

（3）旋转内芯

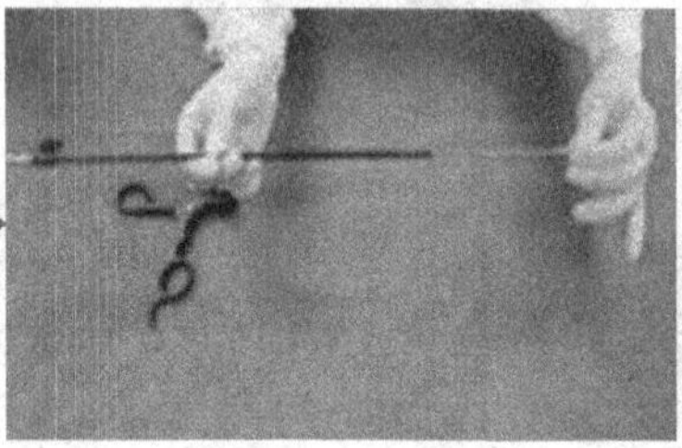

（4）抽出芯

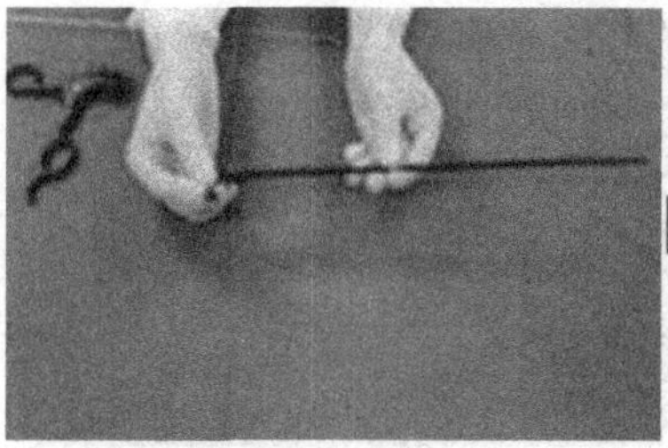

（5）打开冲洗口

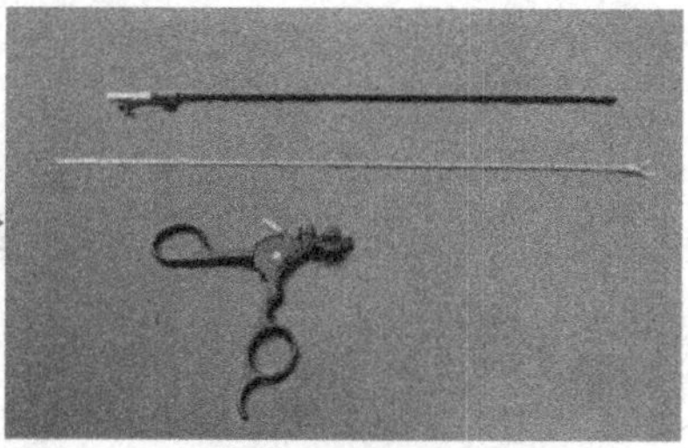

（6）完成

四、手柄带琐齿操作钳的拆卸步骤图

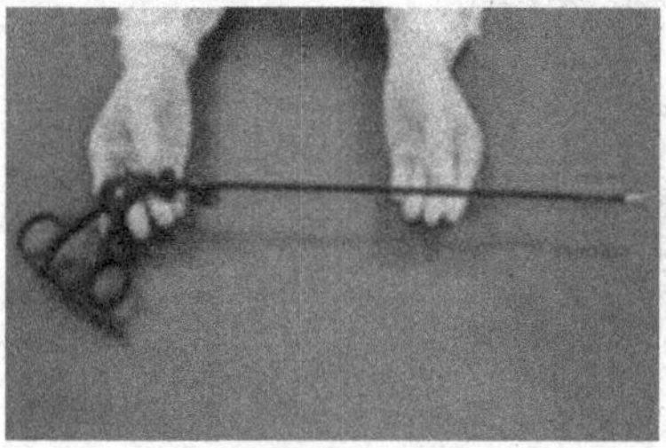

（1）准备

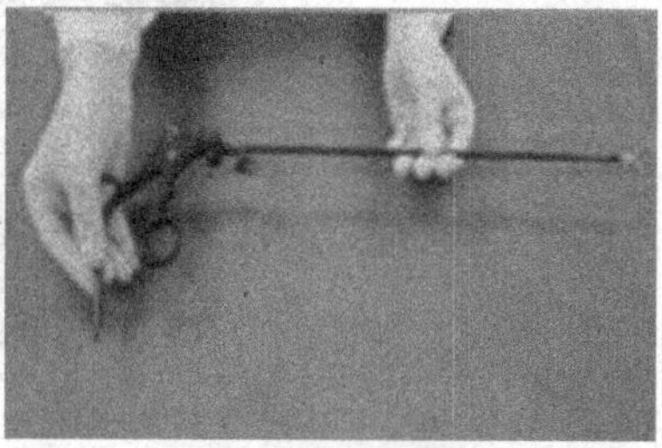

（2）打开手琐齿

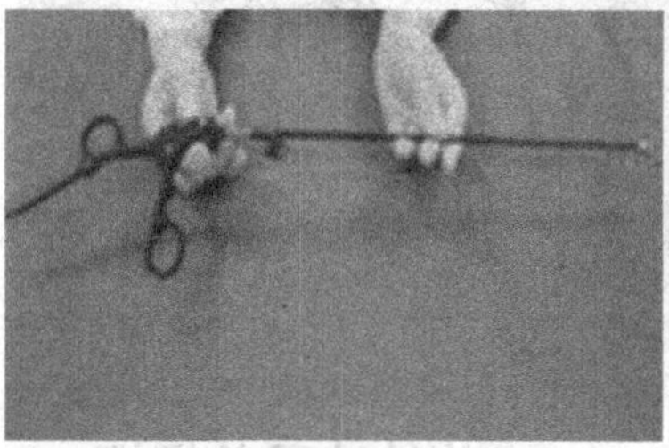

（3）拆卸手柄

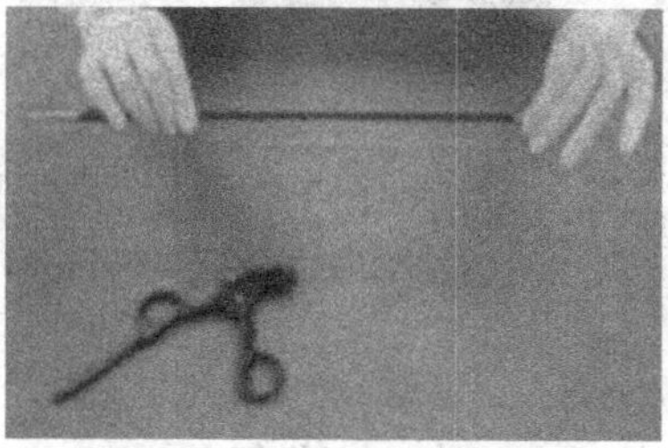

（4）旋转芯

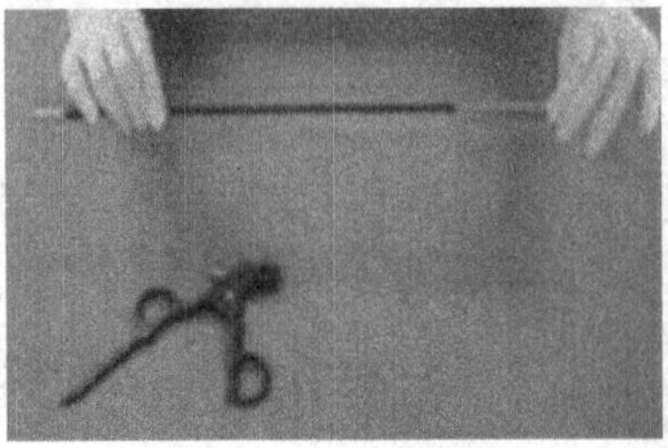

（5）抽出内芯

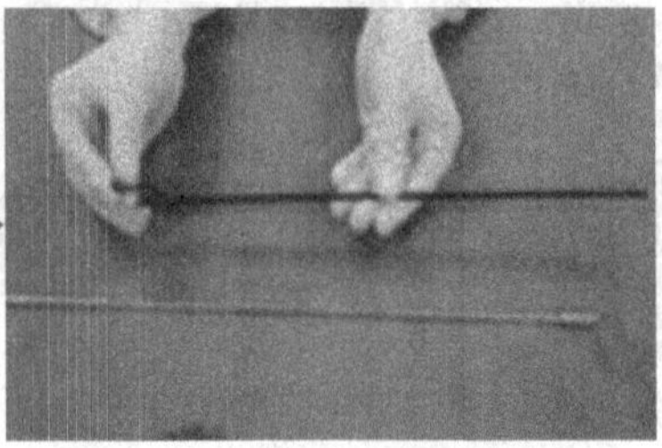

（6）打开冲洗口

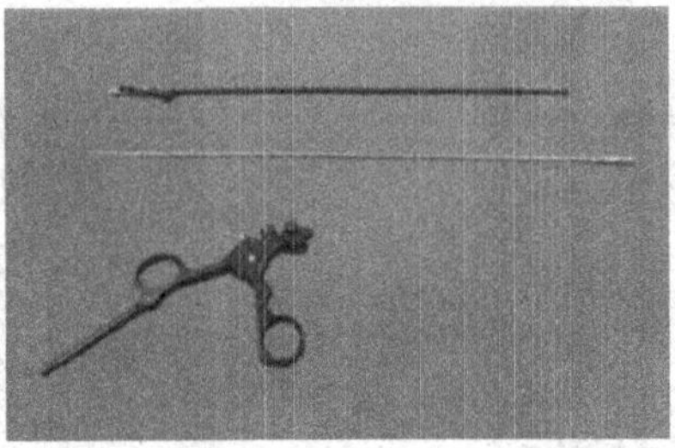

（7）完成

五、冲洗吸引器的拆卸步骤图

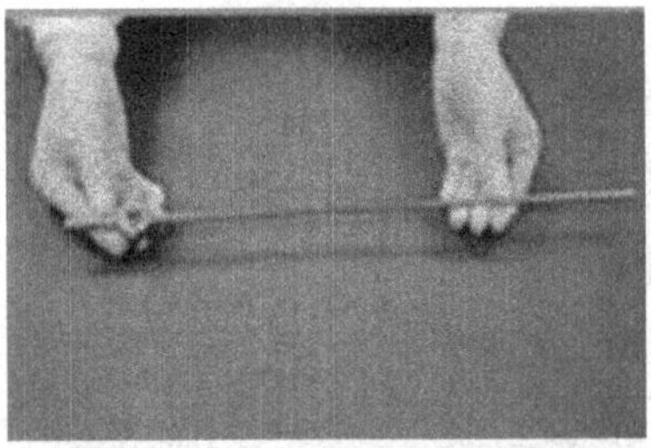

（1）准备

（2）旋转冲吸关螺帽

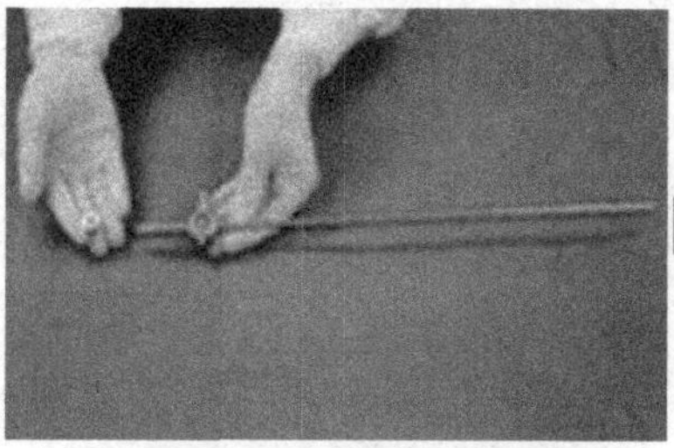

（3）拆卸下螺帽

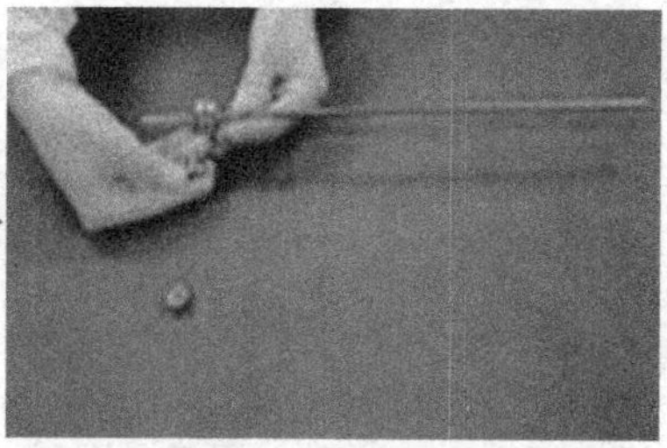

（4）拆卸下完整冲吸开关

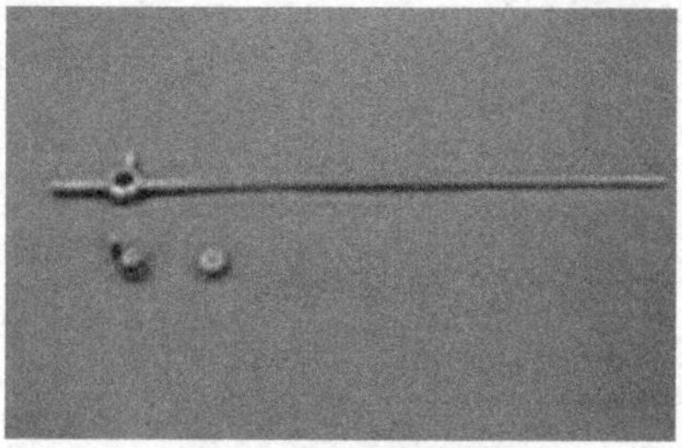

（5）完成

第六章 医疗内镜的干燥与保养

内镜清洗干净后未彻底干燥，含水的内镜会影响灭菌介质的穿透或稀释消毒剂的有效浓度，导致消毒灭菌失败，存在严重的院感隐患。

第一节 干燥的操作原则

医疗内镜干燥时应根据其材质选择合适的干燥方法，严格控制温度和时间，具体如下：

一、干燥的方法

内镜的干燥首选设备、设施进行干燥处理，方能确保干燥效果，如光学目镜、摄像系统连接线、导光束应采用擦拭法进行干燥，穿刺针、气腹针、抽吸头等管腔器械可采用压力气枪或95%乙醇进行干燥。所有的内镜不宜采用自然干燥法进行干燥。

二、严格控制温度

根据器械的材质选择适宜的干燥温度，如采用干燥柜干燥时，金属类器械及附件适宜温度为70℃—90℃，塑料胶类器械及附件适宜温度为65℃—75℃,橡胶垫圈、密封圈等塑胶类配件的干燥温度不能过高。贵重物品进入干燥柜要严格控制温度、时间，并做好交接，设置警示标识。

三、分类干燥

金属与塑料类干燥温度不同，宜分类分开进行干燥。

第二节 干燥操作步骤

内镜干燥时有它特有的要求，应严格遵守以下操作流程：

一、干燥前的准备工作

（一）准备操作台

进行内镜干燥前，应将操作台面清洁、干燥。

（二）内镜及器械的准备

导光束、连接线等宜使用专用镜头纸擦拭光学目镜镜面，其他配套器械宜使用清洁的低纤维絮擦布对表面进行彻底干燥，管腔类器械使用压力气枪进行彻底干燥，注意保证气枪的干燥时间。

二、干燥操作流程图

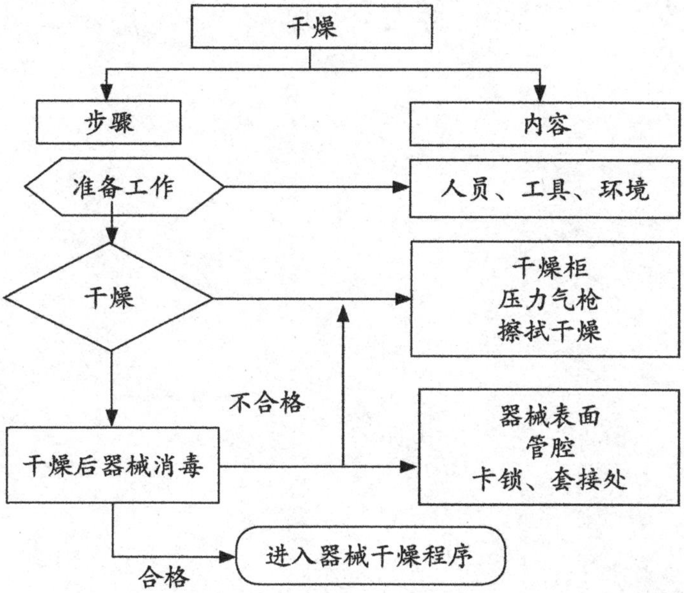
干燥
步骤
内容
准备工作
人员、工具、环境
干燥
干燥柜
压力气枪
擦拭干燥
不合格
器械表面
管腔
卡锁、套接处
干燥后器械消毒
进入器械干燥程序
合格

图 6-1 干燥操作流程图

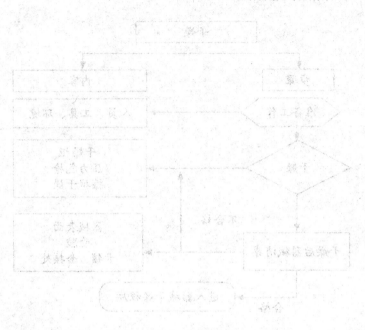

第七章 医疗内镜的包装与保养

硬式内镜、器械及附件在灭菌前应进行包装，以保证其无菌性。根据灭菌方法和使用需求选用适宜的包装材料进行包装。

第一节 包装操作原则

包装操作包括检查、保养、装配、包装、封包、标识等步骤。应遵循以下原则：

一、包装前检查与保养

确保内镜干燥的情况下，对每一件内镜进行清洁度检查、功能检查与保养。清洁度检查的方法以目测为主，辅以带光源放大镜。功能检查及保养流程，遵循内镜生产厂家的指导。

二、内镜装配

按照建立的图文卡和内镜明细单，进行器械装配。（见图 7-1）。

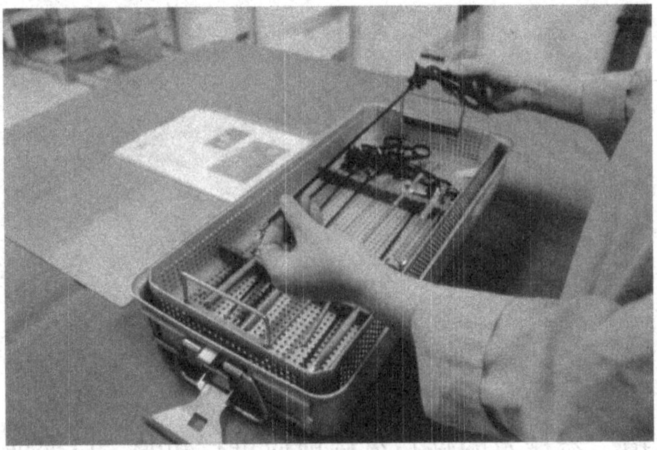

图 7-1 按图文卡和内镜明细单进行装配

三、选择合适的包装材料

根据灭菌方法和使用需求选用适宜的包装材料进行包装。为避免内镜、配套器械及附件在操作、运输过程中发生损坏，宜使用专用的硬质容器包装，或将内镜等摆放在器械盒或篮筐中，同时使用器械固定架或保护垫。

第二节 包装操作步骤

一、包装前的准备

1. 操作人员规范着装，应穿工作服、戴帽子，操作前洗手。

2. 包装物品准备齐全，如：放大镜、图文卡、标识牌、检测卡、包装材料、器械功能检查用品等。

二、检查与保养

（一）光学目镜的检查

1. 清洁度检查

对镜头进行全面的清洁度检查，包括表面、镜面（目镜端、物镜端）、导光束接口处，均应符合清洗质量标准（图 7–2）。

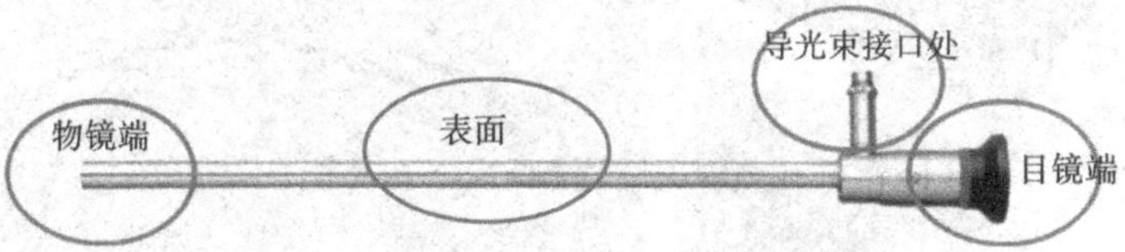
导光束接口处
物镜端
表面
目镜端

图 7–2 清洁度检查部位

2. 功能检查

（1）观察镜体是否完整，有无磕痕损坏。

（2）观察镜面是否有裂痕。

（3）导光束接口处和光纤是否有烧损的情况。

（4）检查镜头成像质量，将镜头对准参照物缓慢旋转 360° 进行目测，图像应清晰无变形。

（5）检查轴杆有无凹陷或刮伤，检查轴杆是否平直（图 7–3）。

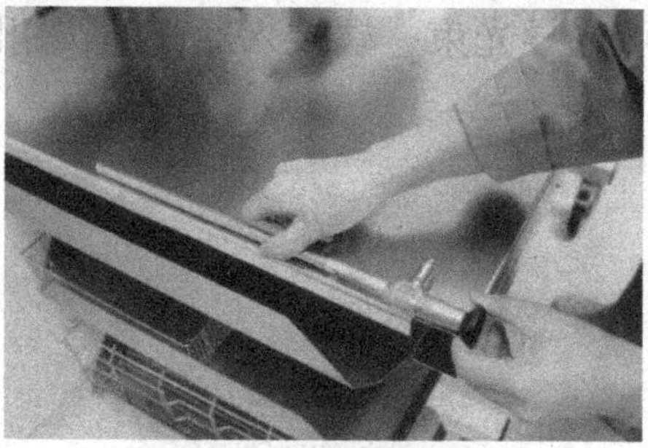

图 7–3 检查轴杆

（二）导光束的检查

1. 清洁度检查

（1）对导光束进行表面的清洁度检查，导光束应符合清洗质量标准。

（2）检查导光束表面是否有破损（图 7–4）.

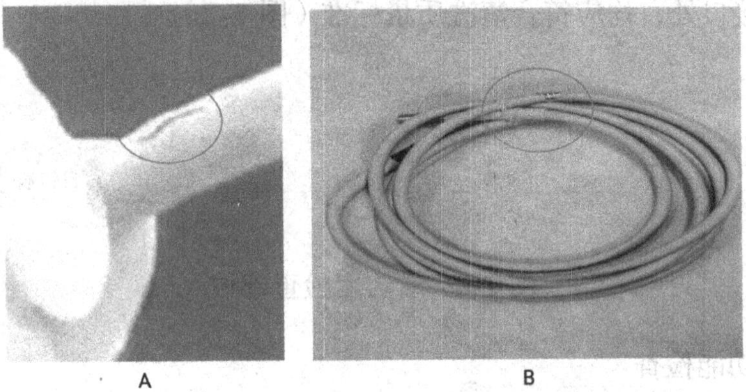
A
B

图 7–4 检查导光束表面

2. 功能检查

将导光束的一端对着室内光源，在导光束一端上下移动大拇指，检查另一端有无漏光区（图 7–5）。

（1）光区灰影表明纤维断裂，纤维断裂会使透光减少，若透光减少到影响手术视野，如灰影部分超过 2/3，应进行维修或更换。

（2）操作中不可将导光束一端接入冷光源，用眼睛看另一端，强光会损害眼睛。

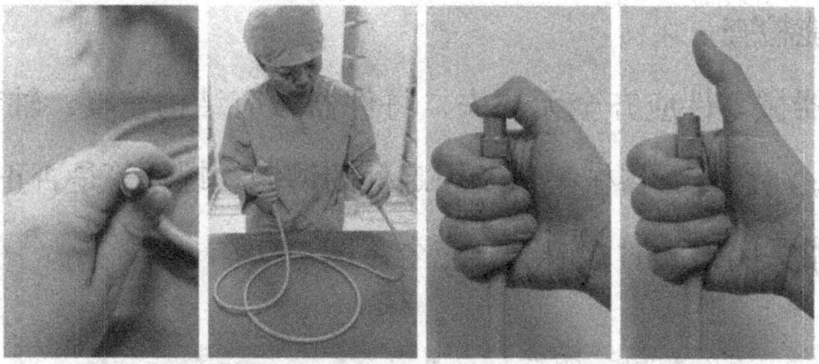

图 7–5 检查导光束有无漏光

（三）器械及附件检查

1. 清洁度检查

对器械及附件进行全面的清洁度检查，确保器械表面、关节、齿牙处及管腔处光洁，无血渍、水垢、锈斑等残留物质，符合清洗质量标准（图 7–6）。

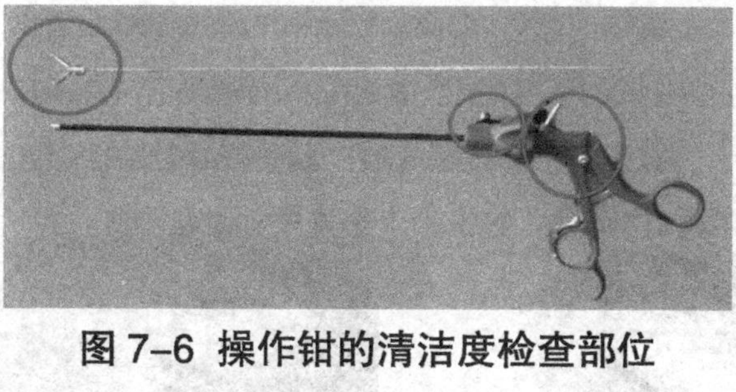

图 7–6 操作钳的清洁度检查部位

2. 润滑、保养

功能检查前，对腔镜器械的可活动的接点、轴节、螺帽、螺纹、阀门、棘爪等处加润滑油，可采用喷雾或浸泡方法进行器械的润滑，以保证器械的灵活度，从而避免金属摩擦以产生腐蚀。润滑剂的配置和使用方法按厂家说明书执行。

3. 功能检查：

（1）器械零件应齐全无缺失，每件器械应结构完整，轴节关节灵活无松动；注意查看器械关节及固定处的铆钉、螺丝等是否正常紧固；器械操作钳关闭钳端时，应闭合完全（图 7–7）。

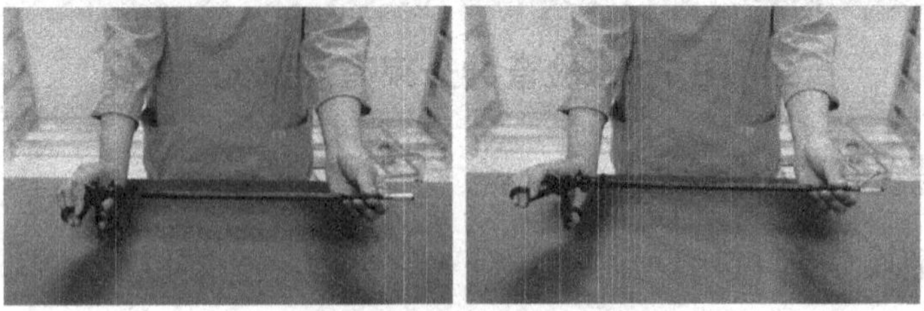

图 7–7 操作钳的钳端功能检查

（2）套管、密封圈完整无变形，闭孔盖帽无老化（图 7–8）；弹簧张力适度和卡索灵活（7–9）；剪刀、穿刺器应锋利、无卷刃；穿刺器管腔通畅。

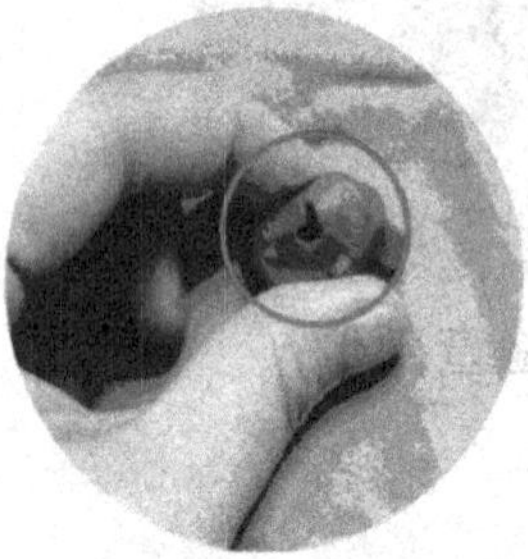

图 7–8 闭孔盖帽检查

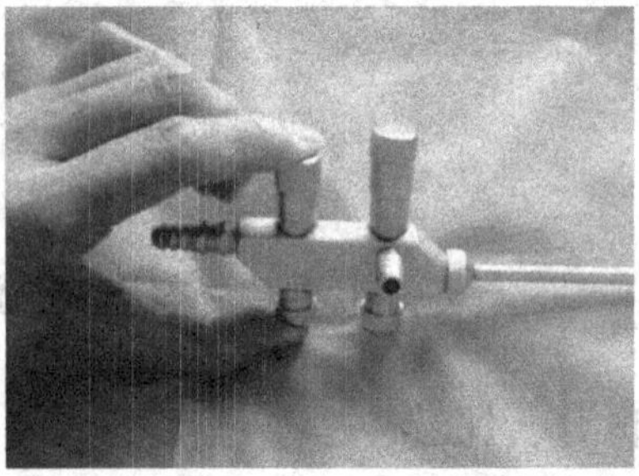

图 7–9 弹簧检查

（3）带电源器械应进行绝缘性能检查，可使用目测检查绝缘层有无裂缝或缺口破损；手握器械检查绝缘层是否和金属内芯包裹紧实无松动；有条件的建议使用专用检测器进行绝缘性能等安全性检查。

（四）装配

1. 操作人员根据器械图文单将拆卸的器械进行重新组合、装配。

（1）组装内镜器械的外套、内芯和手柄，在将某种器械插入或退出内镜器械操作 / 器械通道时，必须处于基本平直（无偏转）的位置。

（2）组装穿刺器的套管、多功能阀和穿刺芯。

2. 操作人员依据器械装配的技术规程或图示，核对器械的种类、规格和数量。

（1）光学目镜宜放置于专用带盖、带卡槽的器械盒内进行单独包装（图 7-10）。

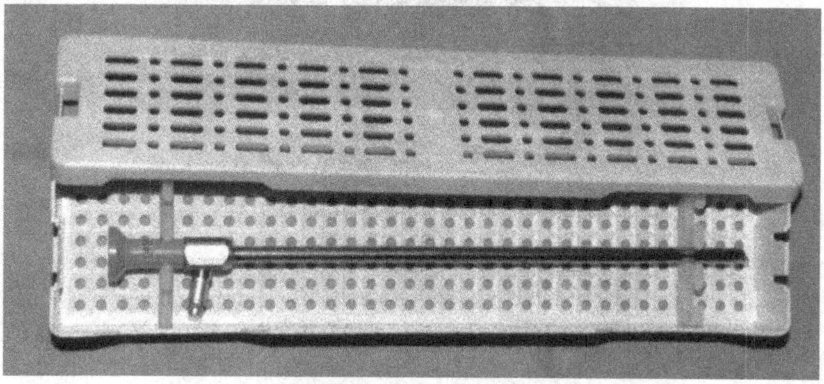

图 7-10　专用带盖、带卡槽的器械盒

（2）按照器械的使用顺序摆放器械。

（3）导光束及摄像连接线大弧度盘绕，直径应大于 10cm 无锐角（图 7-11）。

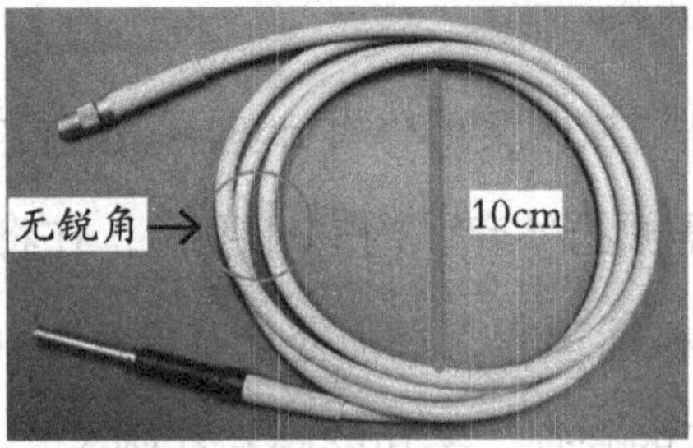
无锐角
10cm

图 7-11 导光束盘绕

（4）锋利的器械如锥、鞘、针类、剪类、穿刺器等，应采取固定架、保护垫或使用风帽（图 7-12）。

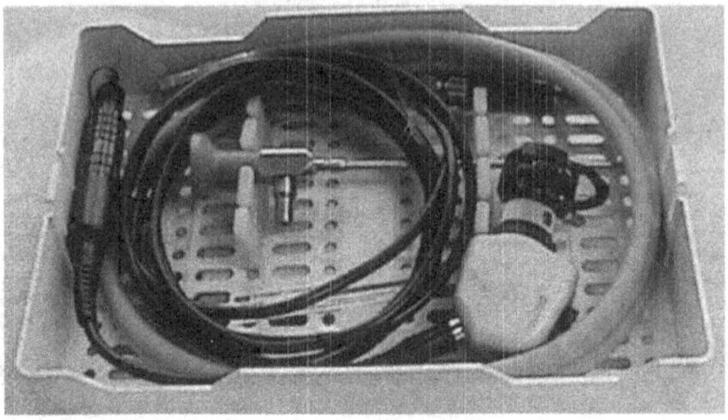

图 7-12 锋利器械的收放

（5）所有的空腔、阀门应打开，保证灭菌介质的穿透，避免由于压力改变对器械造成的不必要损伤。

3. 器械装配完毕后放入包内化学指示卡，指示卡放置位置符合《清洗消毒及灭菌效果监测标准（WS310.3-2016）》的要求。

（五）包装操作

1. 包装前再次根据器械明细单进行核对，并签名确认。

2. 选择包装材料：根据灭菌方法选择与其相适应的包装材料，材料与方法符合规范要求。

3. 硬质容器的使用与操作应遵循生产厂家的使用说明或指导手册。

4. 内镜器械根据材质和灭菌要求不同通常采用硬质容器、纸塑袋、无纺布等包装材料。硬质容器、纸塑料包装为密封式包装，无纺布为闭合式包装；硬质容器多用于内镜单独包装和成套内镜器械的包装，内镜镜头多使用专用容器装配再行无纺布包装，单件内镜器械多选用塑封袋和无纺纱进行包装。

（1）硬质容器包装：配包者根据器械卡或者图片装配成套内镜器械，器械摆放整齐，锐利器械注意保护，可拆卸部分应拆卸放置，微小螺丝钉、螺帽用小物件专用盒或带孔针盒放置，包内放器械卡和化学指示卡，并在器械上签名（图 7–13）。然后封包标识，在硬质容器右上角贴上化学指示胶带并写好物品名称、灭菌日期、有效期、配包者姓名、或者贴上条形码标识。

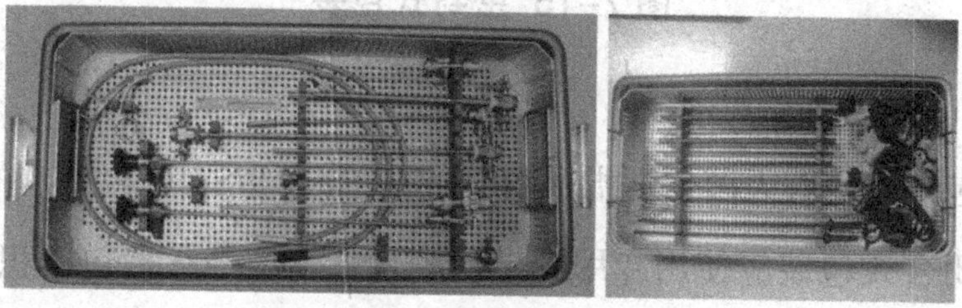

图 7–13 硬质容器的应用

（2）纸塑袋包装：根据器械大小选择规格匹配的纸塑袋装配器械，锐利器械注意保护，包内放化学指示卡，使用封口机热熔法封包，注意密封宽度＞6mm、风口严密完整、包内器械距包装袋封口＞2.5mm、打印日期、注意所标注日期的完整性和准确性。在塑料面右上角贴上化学指示胶带并写好物品名称、灭菌日期、有效期、打包者姓名。

（3）应用两层分两次包装（图 7–14）。

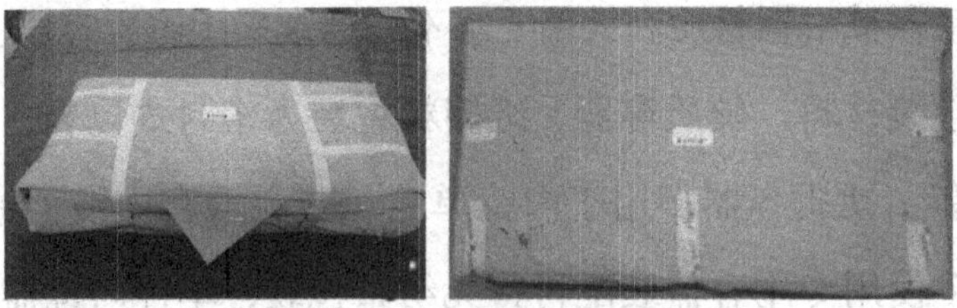

图 7–14 闭合式包装

（4）密封式包装如特卫强包装或医用纸塑袋适用于体积小、重量轻或单独包装的器械（图 7–15）。

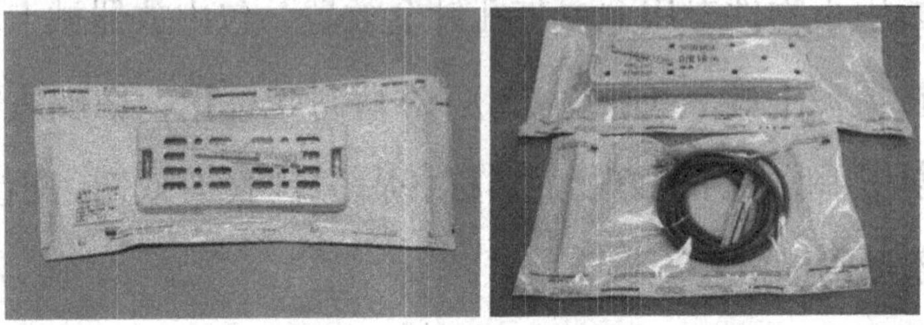

图 7–15 密封式包装

（六）封包

1. 包外应设有灭菌化学指示物,封包应符合 WS310.2–2009 的要求。

2. 闭合式包装应使用专用胶带，胶带长度应与灭菌包体积、重量相适合，松紧适宜。封包应严密，保证闭合性完好。

3. 密封式包装其密封宽度应≥ 6mm，包内器械距包装袋封口处应≥ 2.5cm。

4. 硬质容器应设置安全闭锁装置，无菌屏障完整性破坏时应可识（图 7–16）。

图 7-16 安全闭锁装置

（七）标识

1. 灭菌物品包装的标识应注明物品名称、包装者等内容。

2. 灭菌前注明灭菌器编号、灭菌批次、灭菌日期、有效期、配包者姓名、核对者姓名或者贴上条形码标识。

3. 标识应具有可追溯性。

（八）包装操作流程图

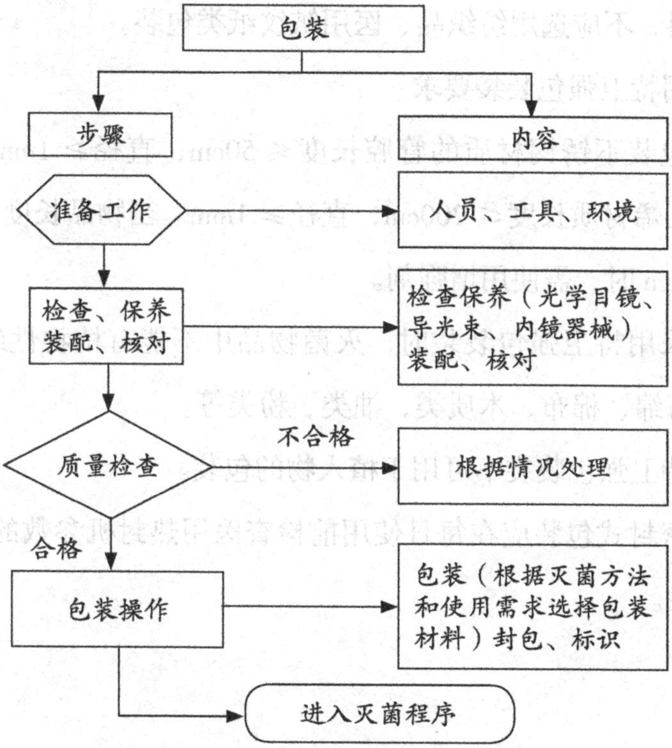
包装
步骤
内容
准备工作
人员、工具、环境
检查、保养
装配、核对
检查保养（光学目镜、导光束、内镜器械）
装配、核对
质量检查
不合格
根据情况处理
合格
包装操作
包装（根据灭菌方法和使用需求选择包装材料）封包、标识
进入灭菌程序

图 7-17 包装操作流程图

第三节 包装质量控制与保养

医疗内镜的包装环节与其他环节一样需要进行过程质量控制，使得包装规范，利于贮存、转运和使用。

1. 操作中轻拿轻放，每件器械不碰撞、不叠放。

2. 功能不全的器械进行修理或更换，如：弹簧、垫圈等；受到腐蚀的器械应丢弃。

3. 光学仪器系统、垫圈和带电流的部件不得使用润滑油。

4. 不同灭菌方法的器械分开包装。

5. 过氧化氢低温等离子体灭菌应选择特卫强包装材料或医用无纺布包装材料，不应选用纺织品、医用皱纹纸类包装。

6. 使用特卫强包装袋要求

（1）包装不锈钢材质的管腔长度≤ 50cm，直径≥ 1mm；聚乙烯和聚四氟乙烯材质长度≤ 200cm，直径≥ 1mm。当物品长度为 1—2m，直径 1—5mm 时，需使用增强剂。

（2）采用特卫强包装袋时，灭菌物品中不能有植物性纤维材质，包括纸、海绵、棉布、木质类、油类、粉类等。

（3）特卫强包装袋不可用于植入物的包装。

（4）密封式包装应在每日使用前检查医用热封机参数的准确性和密闭完好性。

第八章 医疗内镜的灭菌与保养

内镜的有效消毒和灭菌是预防内镜检查交叉感染的关键环节，根据《医院感染管理规范》的要求，凡是进入人体无菌组织的内镜或接触破损黏膜的附件在诊疗前必须达到灭菌。目前国内应用比较广泛的灭菌方法有预真空压力蒸汽灭菌法、环氧乙烷灭菌法、过氧化氢低温等离子体灭菌法。根据器械要求选择合适的灭菌方法。不能高温高压的物品尽量使用环氧乙烷灭菌或过氧化氢低温等离子体灭菌，低温灭菌可以延长内镜及器械的使用寿命。

第一节 灭菌操作原则

1. 根据硬式内镜、器械及附件的材质耐受性和使用要求选择灭菌方法。

2. 根据器械生产厂家提供的使用指导要求选择灭菌方法，生产厂家应提供内镜、器械及附件的灭菌方法及技术参数。

3. 灭菌设备操作技术和方法应严格遵守灭菌设备的使用和操作规程并符合《清洗消毒及灭菌效果监测标准（WS310–2016）》的规定。

4. 硬式内镜不可随意更换灭菌方式。

第二节 灭菌操作方法

一、压力蒸汽灭菌法

（一）压力蒸汽灭菌法适用范围

压力蒸汽灭菌法适应于耐湿、耐热的医疗器械物品的灭菌。如内镜操作钳、硅胶管、密封帽等物品。

（二）压力蒸汽灭菌参数要求

压力蒸汽灭菌参数要求符合《清洗消毒及灭菌效果监测标准（WS310-2016）》的相关要求（表 8-1）。

表 8-1 压力蒸汽灭菌灭菌参数

设备类别	物品类别	灭菌设定温度	最短灭菌时间	压力参与范围
下排气式	敷料	121℃	30min	102.8kPa—122.9kPa
	器械		20min	
预真空式	器械、敷料	132℃	4min	184.4kPa—210.7kPa
		134℃		201.7kPa—229.3kPa

（三）压力蒸汽灭菌的注意事项

1. 内镜上标有“可耐压力蒸汽灭菌”（Autoclave）标识的器械，可选用压力蒸汽灭菌，操作时必须严格遵守生产厂家的说明书及灭菌建议选择压力、时间、温度等灭菌参数，不得超过灭菌建议所规定的温度和时间，相对长的灭菌时间会对器械产生较大损坏。

2. 经过压力蒸汽灭菌的内镜器械及附件，应自然冷却后使用。禁止使用冷水等方法进行快速降温。

3. 禁止使用快速灭菌程序对硬式内镜器械及附件进行灭菌。

4. 小型压力蒸汽灭菌器的快速灭菌程序不应作为硬式内镜、器械及附件物品的常规灭菌程序。应急情况下使用时，其使用管理应符合WS/T367-2012《医疗结构消毒技术规范》的要求。小型压力蒸汽灭菌器的使用范围及操作应遵循生产厂家的使用说明书或指导手册。

二、过氧化氢低温等离子灭菌法

过氧化氢低温等离子体灭菌技术是近年来消毒灭菌领域的一种新的物理灭菌技术。随着临床医学高新技术的快速发展，现有的灭菌技术已不能满足一些不耐高温的精密医疗器械等特殊需要，如纤维窥镜和其他不耐热的材料都需要低温灭菌技术。过氧化氢低温等离子体灭菌技术是继戊二醛、环氧乙烷等灭菌技术之后的新的低温灭菌技术。近年来，腔镜类手术的大量需求和广泛应用，该类低温灭菌设备解决了不耐高温医疗器械的灭菌和连台手术所需快速周转医疗器械的灭菌问题。

（一）作用原理

过氧化氢低温等离子体灭菌器的灭菌原理是过氧化氢及其低温气体等离子体协同灭菌。当灭菌舱被真空泵抽至设计负压条件下，利用过氧化氢注射系统注入一定量的过氧化氢液体，经加热汽化过氧化氢扩散至灭菌舱的整个空间。过氧化氢本身具有较强的杀菌作用，在过氧化氢扩散过程中可杀死被处理物品表面的部分微生物。当过氧化氢气体在灭菌舱内扩散均匀后，启动高频电压产生高频电场，激发灭菌舱中的过氧化氢气体发生电离反应，形成等离子体，即形成包括正电氢离子（H^+）和自由电子：氢氧电子（OH^-）、二氧化氢电子（HOO^-）等的电离气体。等离子体形成过程中产生的大量紫外线直接破坏微生物的基因物质，紫外光子固有的光解作用打破微生物分子的化学键，最后生成挥发性的化合物如CO、CH_x，通过等离子体中活性基团与微生物体内的蛋白质和核酸发生化学反应，而导致微生物的死亡，达到灭菌的目的。

（二）适用范围

过氧化氢低温等离子体灭菌器是一种新型的医疗器械低温灭菌设备，适用于在低温条件下对金属、非金属医疗器械进行灭菌，特别适用于腔镜等对热和湿度敏感的医疗器械的灭菌，如电子仪器、光学仪器，硬式内镜及器械等。

（三）灭菌参数设置

过氧化氢低温等离子体灭菌参数要求符合《医疗机构消毒技术规范（WS/T367）》的规定，并应参照生产厂家使用明书。（表8–2）

表8–2 过氧化氢等离子体低温灭菌参数

过氧化氢作用浓度	灭菌腔壁温度	灭菌周期
＞6mg/L	45℃—65℃	28—75min

（四）灭菌的注意事项

1. 灭菌前应彻底清洗被灭菌物品，确保充分干燥。

2. 根据生产厂家指导选择不同的灭菌程序和参数。

3. 过氧化氢低温等离子灭菌应选用专用的包装材料（如器械盒、

医用无纺布、特卫强包装材料等)，不应使用亚麻、纤维素或任何列入“不推荐物件”名单的材料，不应在器械托盘中使用泡沫材料垫。

4. 装载时灭菌物品不得接触舱壁、舱门和等离子电极网，等离子电极网和装载物间至少应有 25mm 间距。

5. 物品灭菌时不应裸露，应包装后灭菌。

6. 装载时金属物品和非金属物品宜混合装载，有利于过氧化氢的有效穿透和均匀扩散。

7. 灭菌物品不可堆叠摆放，以确保杀菌因子能充分接触到物品所有表面。

8. 特卫强包装袋宜同一方向、竖直排列进行装载。

9. 过氧化氢低温等离子体灭菌装载可参考图 8–1、图 8–2。

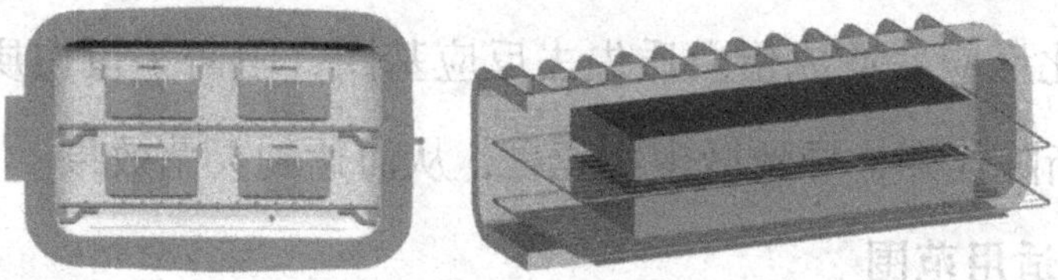

图 8–1 矩形舱体装载图

图 8–2 圆形舱体装载图

三、环氧乙烷灭菌法

环氧乙烷（EO）灭菌装置因具有以下优点被广泛应用于内镜灭菌：环氧乙烷是一种广谱灭菌剂，可在常温下杀灭各种微生物，包括芽孢、结核杆菌、细菌、病毒、真菌等。EO 不腐蚀塑料、金属和橡胶，不会使物品发生变黄变脆，能穿透形态不规则物品并灭菌，可用于那些不能用消毒剂浸泡、干热、压力、蒸汽及其他化学气体灭菌之物品的灭菌。但是由于经环氧乙烷灭菌的物品，灭菌和排气时间为 12 小时，经过通风使环氧乙烷全部挥发后再使用时间过程较长，不适用于连台手术。

（一）作用原理

环氧乙烷灭菌原理是通过其与蛋白质分子上的巯基（-SH）、氨基（-NH2）、羟基（-OH）和羧基（-COOH）以及核酸分子上的亚氨基（-NH-）发生烷基化反应，造成蛋白质失去反应基团，阻碍了蛋白质的正常生化反应和新陈代谢，导致微生物死亡，从而达到灭菌效果。

（二）适用范围

环氧乙烷灭菌适用于不耐高温、湿热的医疗器械，如电子仪器、光学仪器，硬式内镜及器械等。

（三）灭菌参数设置

EO 浓度、温度和灭菌时间的关系：在一定范围内，温度升高、浓度增加，可使灭菌时间缩短。在使用环氧乙烷灭菌时必须合理选择温度、浓度和时间参数。灭菌参数设置要求符合《清洗消毒及灭菌效果监测标准（WS310-2016)》相关要求（表 8-3）。

表 8-3 小型环氧乙烷灭菌器灭菌参数

环氧乙烷作用浓度	灭菌温度	相对湿度	灭菌时间
450mg/L—1200mg/L	37℃—63℃	40%—80%	1—6h

（四）环氧乙烷灭菌器的安全使用要求

1. 环氧乙烷灭菌器及使用应符合国家相关标准或规定。灭菌后物品应根据灭菌器生产厂家的使用说明进行充分地通风解析后使用，确保环氧乙烷残留量符合规定。

2. 灭菌器安装应符合要求，包括通风良好、远离火源，灭菌器各侧（包括上方）应预留 51cm 空间。

3. EO 排放首选大气，应安装专门的排气管道，且与大楼其他排气管道完全隔离。排气管应为不通透环氧乙烷材料（如铜管等）制成，垂直部分长度超过 3m 时应加装集水器。排气管应导至室外，并且出口处应反转向下；距排气口 7.6m 范围内不应有易燃易爆物品和建筑物的入风口（如门或窗）；排气管不应有凹陷或回圈。

4. 环氧乙烷灭菌间配有空气负压装置。

5. 环氧乙烷灭菌间具有独立的空气置换系统。

6. 工作环境必须安装非循环通风系统，换气次数≥ 10 次 / 小时。

7. 环氧乙烷灭菌气瓶或气罐应远离火源，通风良好，无日晒，存放温度低于 40℃，不应置于冰箱中。应严格按照国家制定的有关易燃易爆物品存储要求进行处理。

8. 环氧乙烷（EO）工作室内安装可见或可闻的 EO 浓度监测和报警装置（图 8-3）。

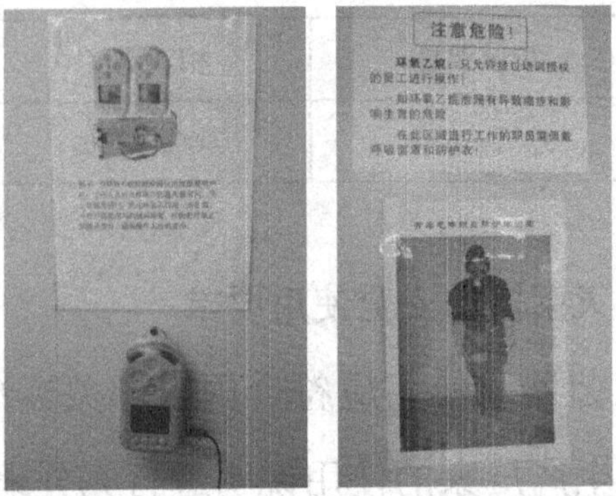
注意危险！

图 8-3 EO 警报系统及警示标识

9. 每半年对工作环境中环氧乙烷浓度进行监测并记录。每日 8 小时工作中，环氧乙烷浓度 TWA（时间加权平均浓度）应不超过 1ppm（1.82mg/ m^3）。

10. 警报系统功能良好，在 EO 意外泄漏时能及时示意工作人员。

11. 进行环氧乙烷灭菌操作的职员需佩戴呼吸面罩、防护衣、隔热手套等，做好职业防护措施。（图 8-4）

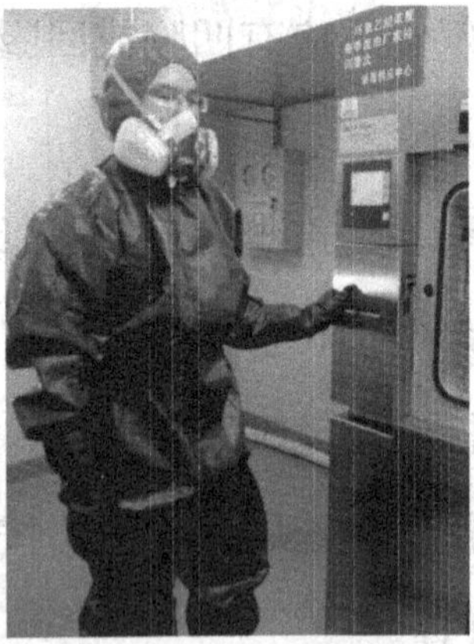

图 8-4 环氧乙烷灭菌操作职业防护措施

（五）环氧乙烷泄漏应急处理流程

1. 当发现气体泄露时做好职业防护并立即关闭灭菌器。

2. 组织人群迅速撤离现场。

3. 电话通知维修人员、相关职能部门和护士长及专业人员，查找原因，做好事情经过记录，并及时整改。

4. 皮肤接触者立即脱去被污染衣物，并用大量清水冲洗接触部位至少 15 分钟，眼睛接触者大量清水冲洗至少 10 分钟；有头晕、头痛、恶心、呕吐者尽快去急诊室就诊。

（六）环氧乙烷使用的注意事项

1. 控制灭菌环境的相对湿度和物品的含水量。

细菌本身含水量和灭菌物品含水量，对环氧乙烷的灭菌效果均有显著影响。一般情况下，以相对湿度在 60%—80% 为最好。

2. 进行环氧乙烷灭菌前，必须将物品上有机和无机污物充分清洗干净，以保证灭菌成功。

3. 保证环氧乙烷灭菌器及气瓶或气罐远离火源和静电。

4. 环氧乙烷气体存放处应无火源，无日晒，通风好，温度低于 40℃，但不能将其放冰箱内。需严格按照国家制定的有关易燃易爆物品储存要求进行管理。

5. 环氧乙烷气体开瓶时不能用力太猛，以免药液喷出。

6. 每半年对环氧乙烷工作环境进行空气浓度的监测。

7. 应对环氧乙烷工作人员进行专业知识和紧急事故应急处理的培训。过度接触环氧乙烷后，迅速将患者移离中毒现场，立即吸入新鲜空气；皮肤接触后，用水冲洗接触处至少 15 分钟，同时脱去脏衣服；眼接触液态环氧乙烷或高浓度环氧乙烷气体至少冲洗眼 10 分钟，遇前述情况，均应尽快就诊。

8. 按照生产厂商要求，定期对环氧乙烷灭菌设备进行清洁维修和调试。

第三节 灭菌质量控制与监测

按照《医院消毒供应中心清洗消毒及灭菌效果监测标准》(2009 版）的要求，使用灭菌器（脉动蒸汽灭菌器、快速压力蒸汽灭菌器、手提式压力蒸汽灭菌器、等离子低温灭菌器）进行物品的灭菌，应遵循各项监测程序。

一、灭菌质量控制的基本原则

（一）专人负责质量监测

应由专人负责质量监测工作，建立质量控制管理制度、清洗和灭菌方法，以及具体效果监测方法。

（二）定期进行质量检查

应定期对监测的各类指示剂（化学、生物）进行质量检查，具体检查内容包括：指示剂是否在使用有效期内、指示剂及包装材料保存条件是否符合要求、指示剂颜色是否发生改变等。

（三）定期更换化学剂

用于清洗硬式内镜的医用清洗剂、除锈剂及润滑剂要根据使用说明定时更换，以便达到其有效性。

（四）灭菌设备监测的要求

新安装、移位、大修、灭菌失败、包装材料改变及首次使用该设备进行硬式内镜灭菌的，都应对其灭菌效果进行评价或重新评价。评价包括同时进行物理监测、化学检测及生物监测。监测时要求灭菌舱内有相应灭菌内镜，必须连续监测三次合格后，方可正常使用。

（五）定期维护和保养

灭菌设备应做到定期维护和保养，具体操作应按照不同设备的使用说明书或指导手册进行日常清洁、检查和保养。

二、灭菌质量监测方法

（一）压力蒸汽灭菌的监测方法

1. 物理监测：每次监测，保留灭菌过程打印参数，包括温度、压力、时间，达到规定的要求。

2. 化学监测：每个灭菌物品包外粘贴化学指示胶带、包内放置化学指示物。检测时，所放置的化学指示物的性状或颜色均变至规定的条件，方能判断为灭菌合格；若其中任何之一未达到使用说明书规定变化条件，则灭菌过程不合格。如有不合格记录，必须有追溯记录和处理结果及改进措施。

3. 生物监测：每周一次。使用自含耐热的嗜热脂肪芽孢杆菌的生物指示管。

4. B-D 试验：脉动真空压力蒸汽灭菌器每日运行前进行 B-D 试验，试验合格后方可使用。如测试失败，应及时查找原因进行改进，监测合格后方可使用。

5. 灭菌器新安装、移位和大修后应空载连续三次生物监测，合格后方可使用，有记录可查。

（二）过氧化氢等离子灭菌的监测方法

1. 物理监测法：每次灭菌应连续监测并记录每个灭菌周期的临界参数如舱内压、温度、过氧化氢的浓度、电源输入和灭菌时间等灭菌参数。

2. 化学监测法：每个灭菌物品包外应使用包外化学指示物，作为灭菌过程的标志；每个灭菌物品包内在最难灭菌位置放置包内化学指示物，通过观察其颜色变化，判定其是否达到灭菌合格要求。

3. 生物监测法：每天一次。使用枯草杆菌黑色变种芽孢的生物指示管。

（三）低温环氧乙烷灭菌的监测方法

1. 物理监测法：每次灭菌应连续监测并记录每个灭菌周期的临界参数如舱内压、温度、过氧化氢的浓度、电源输入和灭菌时间等灭菌参数。

2. 化学监测法：每个灭菌物品包外应使用包外化学指示物，作为灭菌过程的标志；每个灭菌物品包内在最难灭菌位置放置包内化学指示物，通过观察其颜色变化，判定其是否达到灭菌合格要求。

3. 生物监测法：每灭菌批次进行。使用枯草杆菌黑色变种芽孢的生物指示管。

三、灭菌质量监测的结果判定

1. 化学监测：包内外化学指示物变成合格（按各厂家规定）的颜色。

2. 生物监测：灭菌后生物指示管及阳性对照管培养后符合合格（按各厂家规定）的颜色。如：3M嗜热脂肪杆菌芽孢灭菌后经培养不变色（紫红色），灭菌合格；变黄色，灭菌不合格。注：对照管应变为黄色。

3. 生物监测不合格时，立即召回同批次的灭菌内镜，召回上次生物监测合格以来尚未使用的灭菌内镜，重新处理；并应分析不合格原因，改进后再连续进行三次生物监测，合格后方可继续使用该设备。

四、灭菌质量监测结果的记录与保存

灭菌质量监测结果的记录内容包括监测日期、灭菌器编号、灭菌温度和时间、指示剂来源、批号和有效期、培养温度和时间。灭菌质量监测资料和记录的保留期应≥3年。

五、灭菌质量控制的注意事项

1. 灭菌设备应有自动报警功能（装置），当灭菌过程参数不能满足可接受的设定值时设备将取消灭菌循环，并记录故障的原因。循环取消后应对装载物品进行重新打包和重新灭菌。

2. 不同的灭菌方法应使用与其相匹配的专用化学指示物和生物监测指示物。

3. 化学和生物监测指示物应有卫生部许可批件或符合相关规定，应根据使用说明书的要求进行存放，在有效期限内使用。

附录一 内窥镜及纤维导光束的保养细节

虽然不同科室的内镜器械在检查、清洗与使用规范上的侧重点有所不同，但是对于内窥镜和纤维导光束的处理方式是基本相同的。我们先从内窥镜和纤维导光束这类通用部分开始，之后再具体分析不同的器械种类。

一、内窥镜部分

（一）清洗前的准备

先目测内窥镜的视野是否清晰。

（二）清洗中应注意的问题

1. 清洗方法

先卸下内窥镜的纤维导光束适配器，再用流动的清水重点清洗其纤维导光束接口端、目镜端及物镜端的镜面，并用酒精棉签擦拭，避免有残留物。

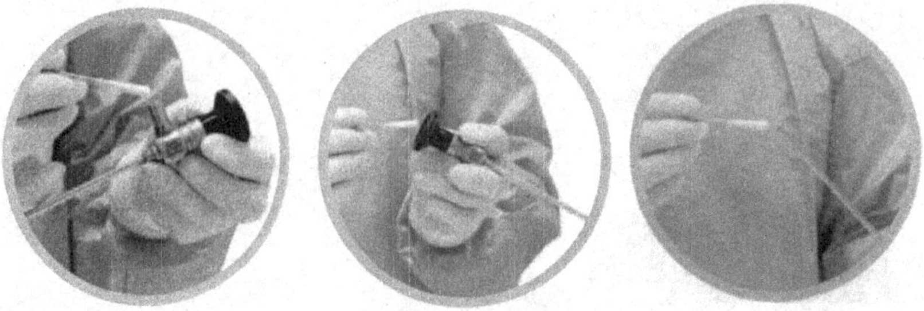

2. 清洗不彻底造成常见的故障现象

如果清洗不彻底，会造成内窥镜的通光性变差。操作者通常以加大光源亮度来改善图像质量，由于污垢堆积，光线的热能无法散发，因此，容易烧坏内窥镜的光导纤维。

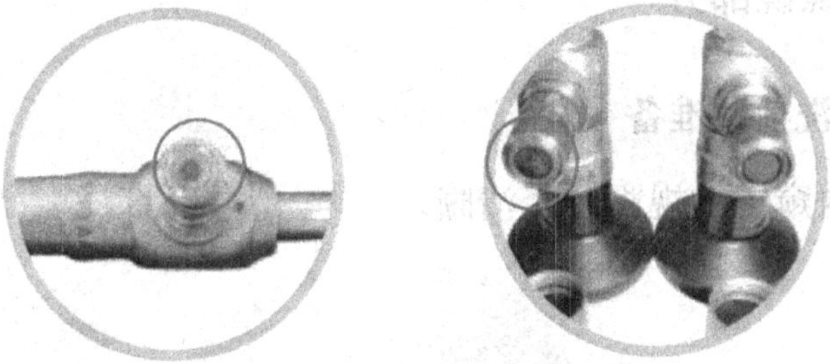

3. 为避免内窥镜损坏，严禁用超声波清洗机清洗。

（三）清洗后的注意事项

1. 转移内窥镜时应握持目镜端，严禁提拎物镜端，避免折弯镜身。

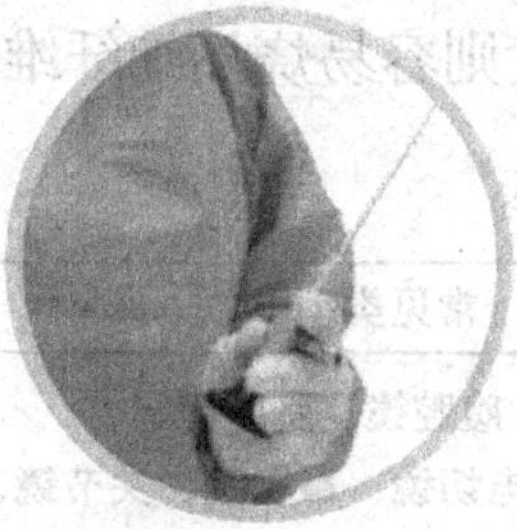

2. 内窥镜应存放在专用灭菌盒内，避免碰撞。

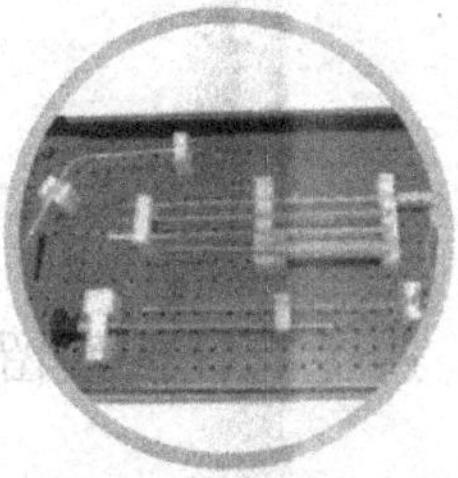

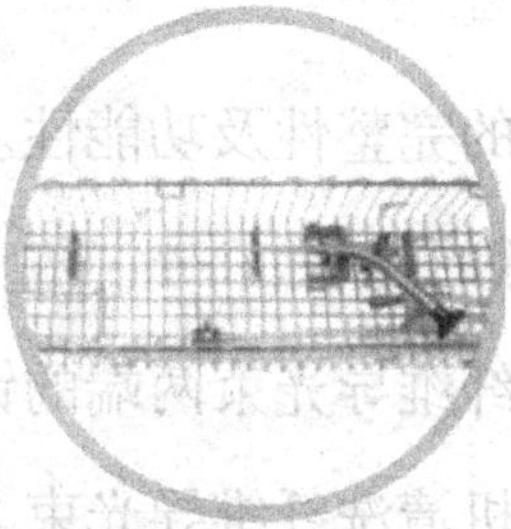

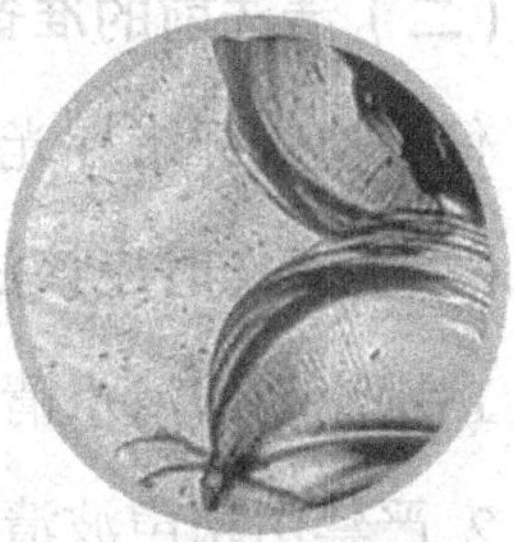

3. 直径 4mm 及以下的内窥镜在运输、存放及灭菌时应使用专用保护套管。

二、纤维导光束部分

（一）内窥镜与纤维导光束的匹配原则

1. 粗内窥镜配粗纤维导光束，细内窥镜配细纤维导光束。粗纤维导光束配细内窥镜容易烧坏细内窥镜；细纤维导光束配粗内窥镜不能满足视野亮度要求，过分增加光源亮度则容易烧坏细纤维导光束。

2. 内窥镜与纤维导光束的匹配方法

内窥镜	纤维导光束	常见类型
6.6—12.0mm	4.8—5.0mm	10mm 腹腔镜、胸腔镜等
3.0—6.5mm	3.0—3.5mm	4mm 电切镜、鼻窦镜、关节镜、小儿腹腔镜等
0.8—2.9mm	2.0—2.5mm	2.9mm 宫腔镜、涎腺镜、胎儿镜等

（二）清洗前的准备

仔细检查纤维导光束的完整性及功能性。

（三）清洗时应该注意的问题

1. 用流动的清水清洗纤维导光束两端的镜面，避免有任何残留物。

2. 严禁用超声波清洗机清洗纤维导光束。

（四）清洗后的注意事项

纤维导光束必需成圆圈存放，其直径需大于 10cm。

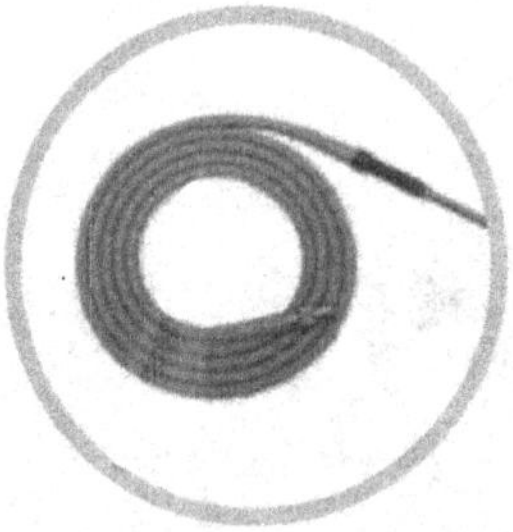

附录二 腹腔镜手术器械的保养细节

一、清洗前的准备

（一）仔细检查手术器械的完整性及功能性

1. 如器械外表的绝缘层破损，使用电刀时会导致病人触电。

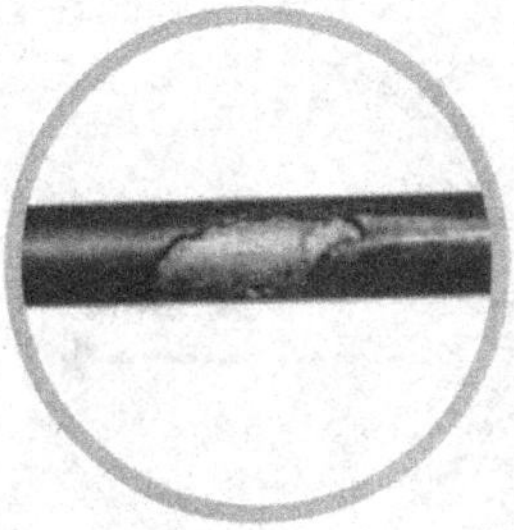

2. 可拆分的手术器械必需彻底分拆后再清洗。

（1）CLICK line 器械可以拆分成手柄、外套管及内芯三部分。

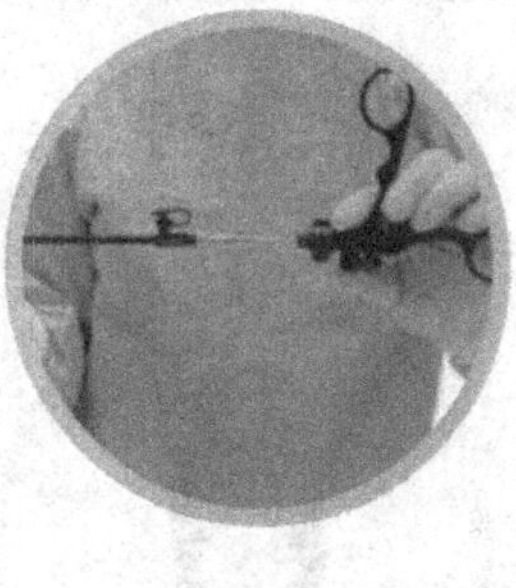

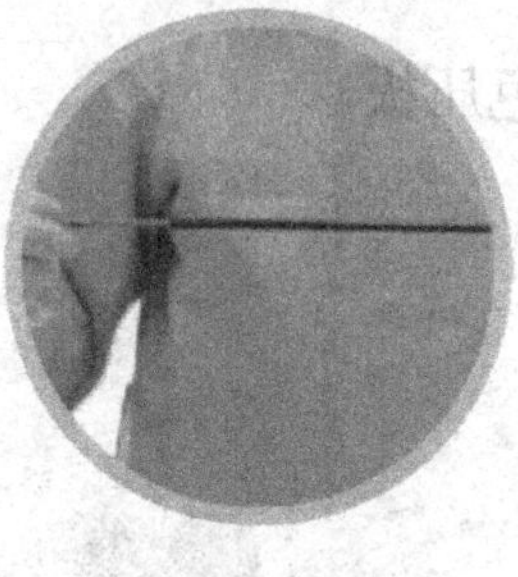

（2）气腹针可以拆分为外套管、内芯及进气阀门三部分。清洗不彻底容易造成无法穿刺、进气较慢等现象。

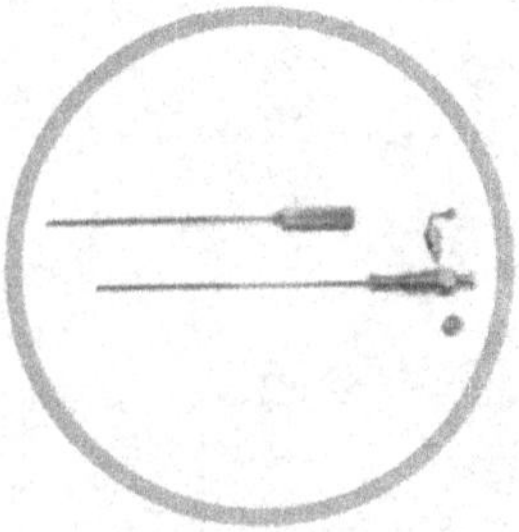

（3）穿刺器可以拆分为多功能阀门、鞘芯及外套管三部分。清洗时需卸下进气阀门及密封帽。

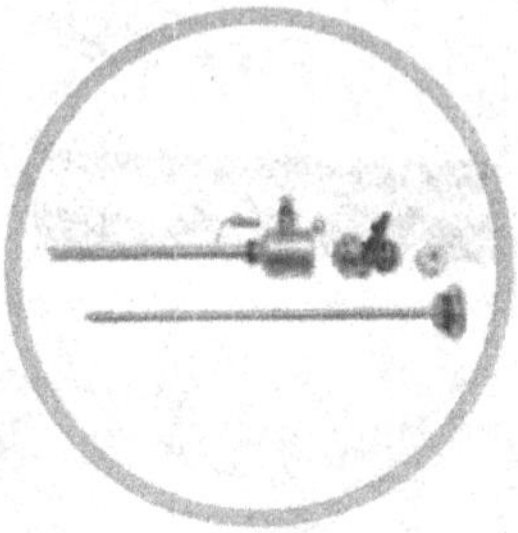

（二）了解穿刺器可能出现的故障现象

1. 无拆分清洗，灭菌后的多功能阀门边缘仍有污迹。

2. 无拆分清洗，灭菌后的多功能阀门与套管粘连无法分离，蛮力拆卸易损坏黑色压板。

二、清洗时应该注意的问题

务必使手术器械的刃口完全张开，以便能彻底清洁关节部位。

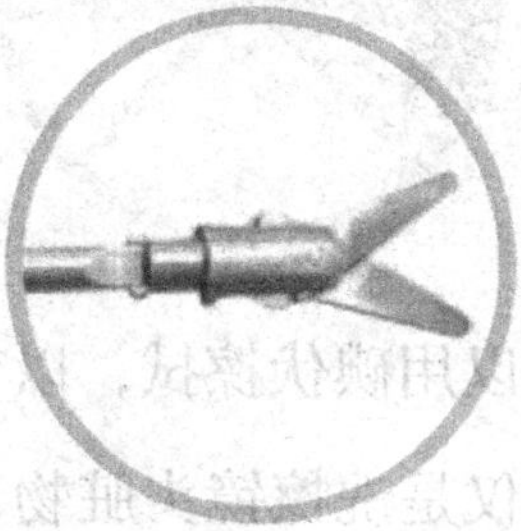

三、清洗后的注意事项

器械中带腔道的部分需用高压气枪吹干水分。

四、手术前检查与准备

1. 检查手术器械的完整性和功能性。

2. 接摄像头前，先用 75% 的酒精擦拭腹腔镜的纤维导光束接口端、目镜管及物镜端的镜面，再用纱布擦干，防止消毒剂的残留影响图像效果。

3. 预防起雾：在底部垫有纱块的保温瓶中注入 60℃左右的无菌热水，并将腹腔镜前端置于其中，浸泡时间在 60 秒以上。第一次浸泡时间越长，防起雾效果越好。

五、手术中的使用规范

1. 操作时需注意纤维导光束与镜子连接处的弯曲度不能太小，避免纤维导光束外表皮断裂。

2. 术中如有起雾，可以用碘伏擦拭，以节省等待时间。也可以用无菌热水浸泡，但如果仅仅是洗擦镜头脏物，浸泡时间不够，防雾效果会不佳。

3. 术中可以打开穿刺器阀门进行快速放气，也可以用退镜入鞘方式减少烟雾的影响。

4. 使用钛夹钳时，应先解除保险，否则蛮力施夹会造成器械的损坏。

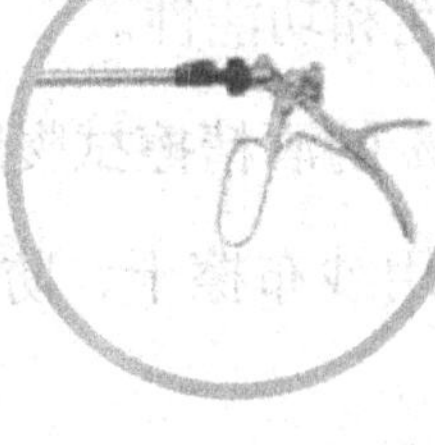

5. 电刀功率的调节应遵循从低到高原则，以保护手术器械及高频导线。使用不当造成的故障现象有：手柄的接线电极及钳芯在长时间、大功率工作后易烧断。

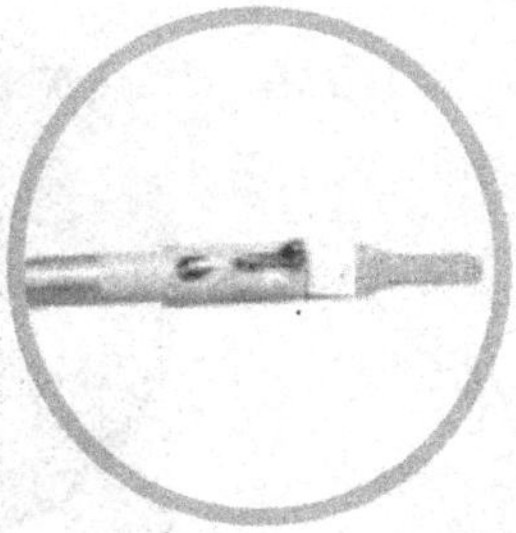

6. 手术器械的操作应遵循少量多次原则，每次夹取适量组织，反复多次操作，以保证手术质量，延长器械使用寿命。

7. 手术器械的使用应遵循专职专用原则，如分离钳不能当抓钳使用，分离钳不能用于抓取组织。

8. 5/10mm 腹腔镜器械的使用注意事项：避免用抓钳、分离钳等器械作为杠杆来支撑脏器，防止器械断裂，可以选取拨棒、牵开器等专用器械来协助解决。常见的故障现象：外套管尾端金属断裂。

六、手术后的注意事项

1. 冷光源未关闭或亮度未调节至最低时，严禁把纤维导光束放在病人身上或床单上，避免强光所产生的热能灼伤病人或烧坏床单。

2. 器械送清洗前，先目测腹腔镜功能是否完好，并将其单独摆放。

附录三 前列腺电切镜手术器械的保养细节

一、清洗前的注意事项

1. 检查手术器械的完整性和功能性。如电切环的前端绝缘层破损，使用时所产生的高温易损坏镜子的柱状晶体。

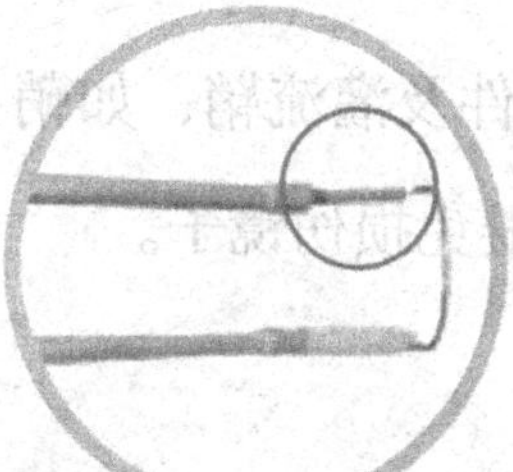

2. 可分拆的手术器械必需彻底分拆后再清洗。

二、清洗中应注意的问题

电切手件的清洗需确保手件的扣环端朝上，防止液体倒流入电极插孔。

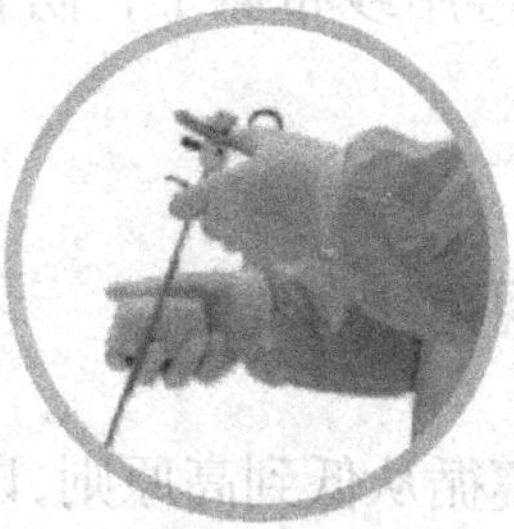

三、清洗后的注意事项

器械中带腔道的部分需用高压气枪吹干水分。未吹干水分造成的电切手件故障现象：白色特氟龙块进水导致短路烧坏。

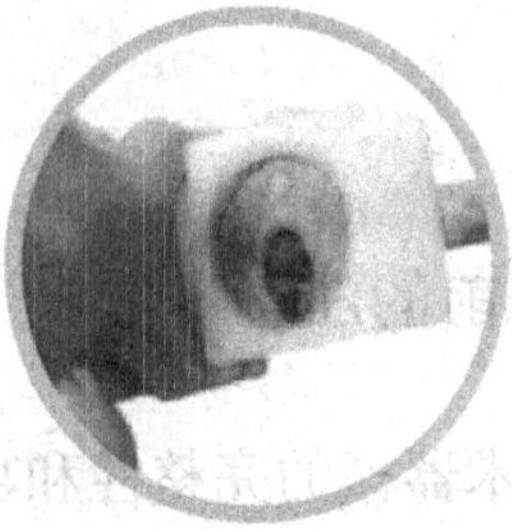

四、手术前检查和准备

1. 术前需检查电切手件及灌流鞘，如鞘身弯曲、变形导致镜子进出困难，则应停止使用，避免损伤镜子。

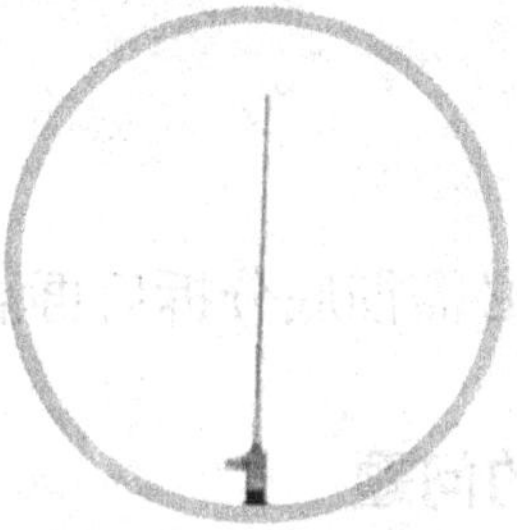

2. 检查灌流鞘进、出水阀门是否开关正常。

3. 接摄像头前，先用 75% 的酒精擦拭电切镜的纤维导光束接口端、目镜管及物镜端的镜面，再用纱布擦干，防止消毒剂的残留影响图像效果。

五、手术中的使用规范

1. 电刀功率的调节应遵循从低到高原则，以保护电切环及高频导线。

2. 术中如使用 ELLIK 排空器，需确保电切镜及电切手件是在平直状态下从灌流鞘中取出，否则易导致电切时电切手件弯曲。

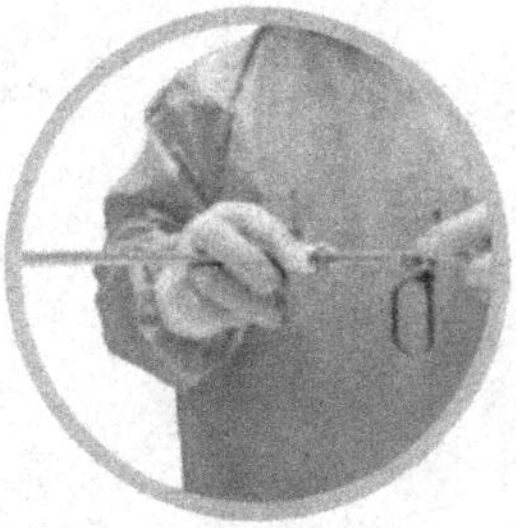

六、手术后的注意事项

1. 冷光源未关闭或亮度未调到最低时，严禁把纤维导光束放在病人身上或床单上，避免强光所产生的热能灼伤病人或烧坏床单。

2. 术后拆卸电切镜及配套器械的流程。

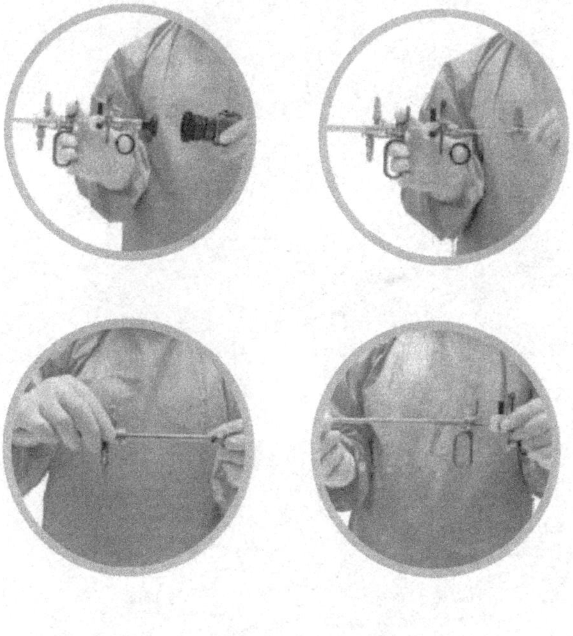

3. 术后器械送清洗前，先目测电切镜的功能是否完好，并将其单独摆放。

4. 带腔镜的器械，如电切手件及灌流鞘等应避免受压，以防弯曲。

附录四 输尿管肾镜手术器械的保养细节

输尿管肾镜属于半硬性镜，镜管为金属，内部为光学纤维，因此，可承受轻微弯曲。

一、清洗前的注意事项

仔细检查手术器械的完整性及功能性。对于已经有一定弯曲度的输尿管肾镜，严禁用手掰直。

二、清洗中应注意的问题

清洗手术器械时，务必使其刃口完全张开，以便能彻底清洁关节部位。

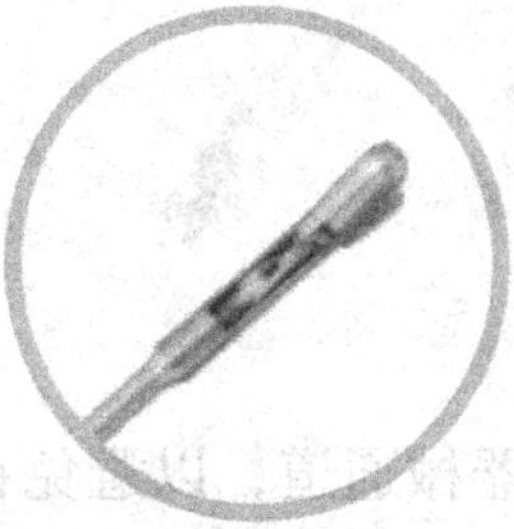

三、清洗后的注意事项

需用高压气枪吹干输尿管肾镜腔道内的水分。

四、手术前检查与准备

1. 需检查镜身弯曲度，如果较大则不建议用气压弹道方式进行手术，摩擦不仅会影响碎石的效果，而且会损坏镜子。

2. 检查输尿管肾镜进、出水阀门是否开关正常。

3. 检查其他手术器械的功能性。如器械通道的封帽是否完整，是否有备件等。

4. 接摄像头前，先用 75% 的酒精擦拭输尿管肾镜的纤维导光束接口端、目镜管及物镜端的镜面，再用纱布擦干，防止消毒剂的残留影响图像效果。

五、手术中的使用规范

1. 使用激光前，检查激光光纤的完整性。术中注意光纤伸出的部分与镜子目镜端保持安全距离，防止光纤烧坏镜子。

2. 双 J 管应缓慢插入器械通道，以避免在输尿管肾镜的弯曲部或由粗变细的转折处堵死。遇到阻力不要继续推进，应后拔一段距离再重新尝试。

3. 手术器械的使用应遵循专职专用原则，输尿管活检钳不能用来取石块，取石块应用专用取石钳。

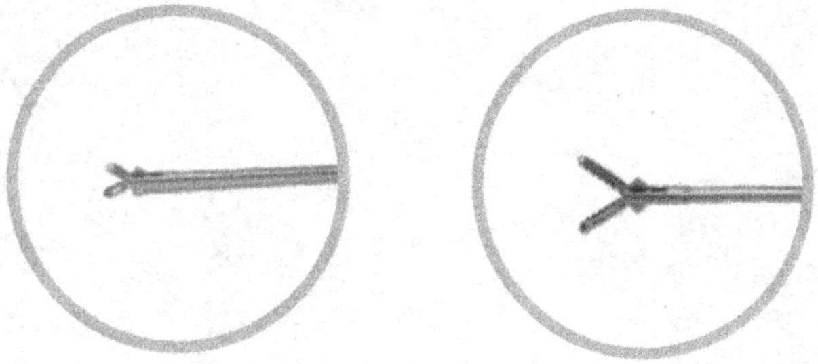

六、手术后的注意事项

1. 冷光源未关闭或亮度未调至最低时，严禁把纤维导光束放在病人身上或床单上，避免强光所产生的热能灼伤病人或烧坏床单。

2. 术后器械送清洗前，先目测输尿管肾镜功能是否完好，并将其单独摆放。

附录五 宫腔镜手术器械的保养细节

一、清洗前的注意事项

1. 仔细检查手术器械的完整性和功能性。

2. 灌流鞘进、出水阀门及器械通道阀门必需彻底分拆后再清洗。

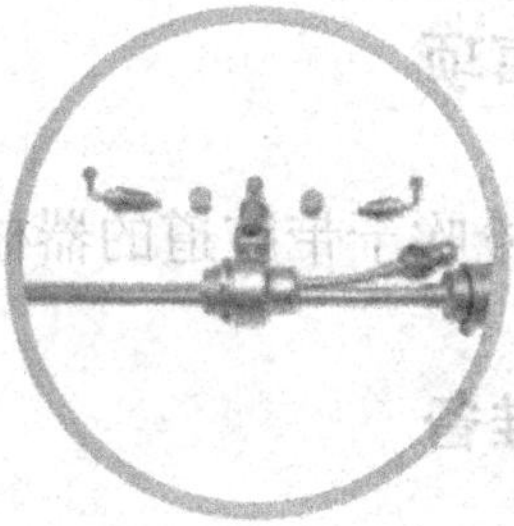

阀门长期不分拆清洗造成的灌流鞘故障：多次灭菌后与灌流鞘粘牢，无法分离，蛮力拆卸易扭断阀门。

二、清洗中应注意的问题

1. 清洗灌流鞘时，需用毛刷彻底清洁器械所有的腔道。

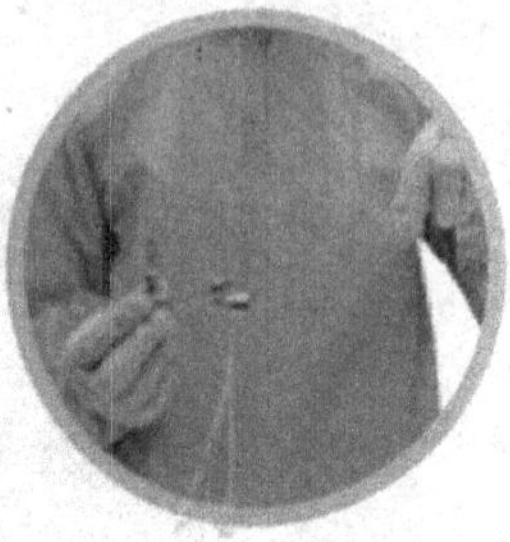 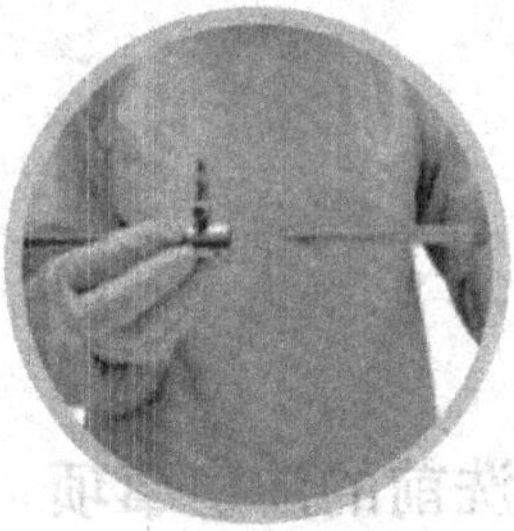

2. 清洗手术器械时，务必使其刃口完全张开，以便彻底清洁关节部位。

三、清洗后的注意事项

清洗后，需用高压气枪吹干带腔道的器械内的水分。

四、手术前检查与准备

1. 术前需检查灌流鞘，如鞘身弯曲、变形导致镜子进出困难，则应停止使用，避免损伤镜子。

2. 检查灌流鞘进、出水阀门及器械通道阀门是否开关正常。

3. 检查其他手术器械的功能性。如器械通道的封帽是否完整，是否有备件等。

4. 接摄像头前，先用 75% 的酒精擦拭宫腔镜的纤维导光束接口端、目镜管及物镜端的镜面，再用纱布擦干，防止消毒剂的残留影响图像效果。

五、手术中的使用规范

手术器械的使用应遵循专职专用原则，宫腔镜抓钳需与咬切钳配合使用。咬切钳先咬下组织，再用抓钳夹取。如直接紧捏抓钳并拽扯组织，非常容易损坏抓钳。而活检钳只能切取少量组织，效率上不如咬切钳。

六、手术后的注意事项

1. 冷光源未关闭或亮度未调至最低时，严禁把纤维导光束放在病人身上或床单上，避免强光所产生的热能灼伤病人或烧坏床单。

2. 术后拆卸宫腔镜及配套器械流程：卸下摄像头及纤维导光束→取出宫腔镜→分拆灌流鞘。

3. 术后器械送清洗前，先目测宫腔镜功能是否完好，并将其单独摆放。

4. 带腔镜的器械，如灌流鞘的内外鞘等则应避免受压，以防弯曲。

附录六 鼻窦镜手术器械的保养细节

一、清洗前的注意事项

仔细检查手术器械的完整性和功能性。

二、清洗中应注意的问题

清洗手术器械时，务必使其刃口完全张开，以便彻底清洁关节部位。特别要注意清洗器械的凹槽部位。

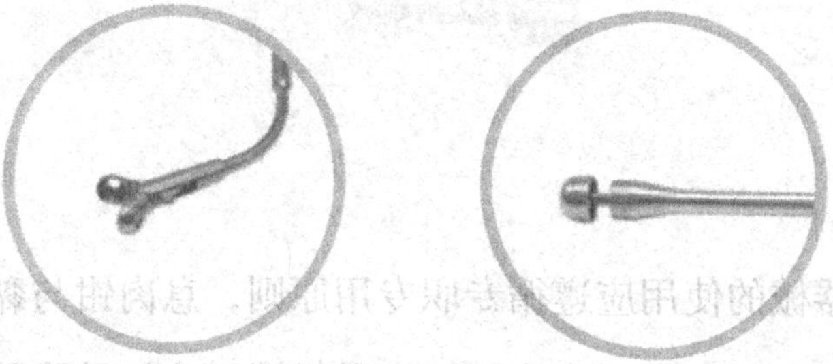

三、清洗后的注意事项

清洗后，需用高压气枪吹干带腔道的器械内的水分。

四、手术前检查与准备

1. 术前需检查负压吸引功能是否良好。

2. 检查手术器械的功能是否完好。

3. 接摄像头前，先用 75% 的酒精擦拭鼻窦镜的纤维导光束接口端、目镜管及物镜端的镜面，再用纱布擦干，防止消毒剂的残留影响图像效果。

五、手术中的使用规范

1. 术中如有起雾，可以用碘伏擦拭。

2. 在使用鼻刨削手柄的过程中，需注意镜子与刨削刀头的距离，避免打坏镜子。常见的故障现象：柱状晶体碎裂导致视野不清，镜子前端有刨削器打过的痕迹。

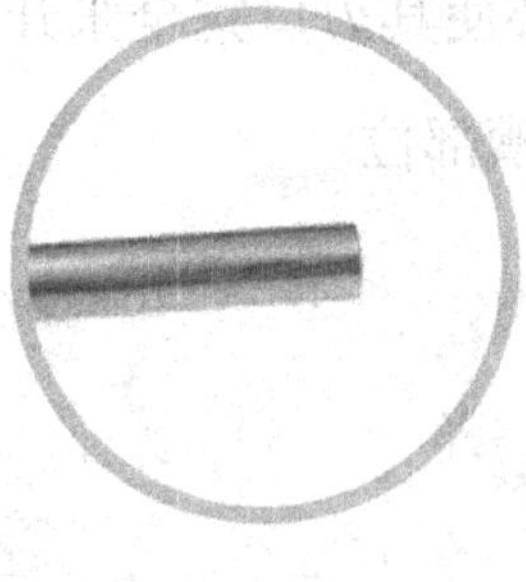

3. 手术器械的使用应遵循专职专用原则，息肉钳与黏膜钳不能混用。息肉钳功能是夹取而非咬切，如强行用于咬切黏膜的话，不仅容易损坏器械，也容易使黏膜撕裂，造成大出血。

4. 术中需及时清理凹槽部位，以便把切下的组织清理出来，避免影响下次咬切的效果。

六、术后的注意事项

1. 冷光源未关闭或亮度未调至最低时，严禁把纤维导光束放在病人身上或床单上，避免强光所产生的热能灼伤病人或烧坏床单。

2. 术后器械送清洗前，先目测鼻窦镜的功能是否完好，并将其单独摆放。

附录七 胸腔镜手术器械的保养细节

一、清洗前的注意事项

清洗前，仔细检查手术器械的完整性和功能性。

二、清洗中应注意的问题

清洗手术器械时，务必使其刃口完全张开，以便彻底清洁关节部位。

三、清洗后的注意事项

清洗后，需用高压气枪吹干带腔道的器械内的水分。

四、手术前检查与准备

1. 术前检查手术器械的完整性及功能性。

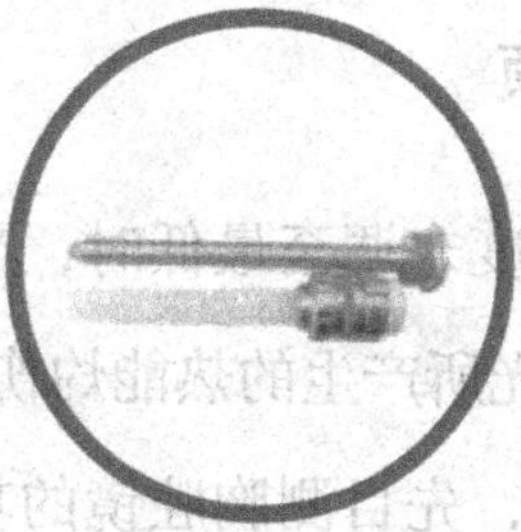

2. 接摄像头前，先用 75% 的酒精擦拭胸腔镜的纤维导光束接口端、目镜管及物镜端的镜面，再用纱布擦干，防止消毒剂的残留影响图像效果。

五、手术中的使用规范

1. 操作时需注意纤维导光束与镜子连接处的弯曲度不能太小，避免使纤维导光束外表皮撕裂。

2. 电刀功率的调节应遵循从低到高原则，以保护手术器械及高频导线。

3. 手术器械的操作应遵循少量多次原则，每次夹取适量组织，反复多次操作，以保证手术质量。

4. 手术器械的使用应遵循专职专用原则，避免用抓钳、分离钳等器械作为杠杆来支撑脏器，防止器械断裂，可以选取牵开器等器械来协助解决。

六、术后的注意事项

1. 冷光源未关闭或亮度未调至最低时，严禁把纤维导光束放在病人身上或床单上，避免强光所产生的热能灼伤病人或烧坏床单。

2. 术后器械送清洗前，先目测胸腔镜的功能是否完好，并将其单独摆放。

附录八 脑室镜手术器械的保养细节

一、清洗前的注意事项

清洗前检查手术器械的完整性和功能性。

二、清洗中应注意的问题

清洗手术器械时，务必使其刃口完全张开，以便彻底清洁关节部位。

三、清洗后的注意事项

清洗后，需用高压气枪吹干带腔道的器械内的水分。

四、手术前检查与准备

1. 术前检查手术器械的完整性及功能性，手术器械的张合必须保持顺滑、开口大小可控；如灌流鞘身弯曲、变形导致镜子进出困难，则应停止使用，避免损伤镜子。

2. 检查灌流鞘及脑室镜的阀门是否开关正常。

3. 接摄像头前，先用 75% 的酒精擦拭脑室镜的纤维导光束接口端、目镜管及物镜端的镜面，再用纱布擦干，防止消毒剂的残留影响图像效果。

五、手术中的使用规范

1. 电刀功率的调节应遵循从低到高原则，以保护器械及高频导线。

2. 手术器械的操作应遵循少量多次原则，每次夹取适量组织，反复多次操作，以保证手术质量。

3. 如需固定支臂，应根据所要夹住的器械种类，选好相应的夹爪，避免损伤内窥镜或器械。

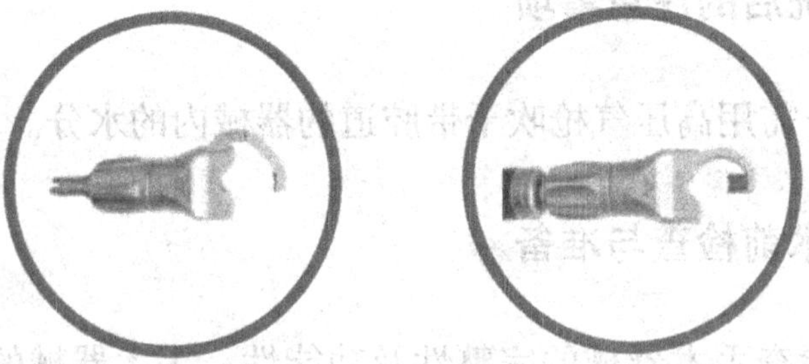

六、术后的注意事项

1. 冷光源未关闭或亮度未调至最低时，严禁把纤维导光束放在病人身上或床单上，避免强光所产生的热能灼伤病人或烧坏床单。

2. 术后器械送清洗前，先目测脑室镜的功能是否完好，并将其单独摆放。

附录九 关节镜手术器械的保养细节

一、清洗前的注意事项

清洗前，仔细检查手术器械的完整性和功能性。

二、清洗中应注意的问题

清洗手术器械时，务必使其刃口完全张开，以便彻底清洁关节部位。

三、清洗后的注意事项

清洗后，需用高压气枪吹干带腔道的器械内的水分。

四、手术前检查与准备

1. 术前检查灌流鞘进、出水阀门是否开关正常。

2. 检查手术器械的完整性及功能性。

3. 接摄像头前，先用 75% 的酒精擦拭关节镜的纤维导光束接口端、目镜管及物镜端的镜面，再用纱布擦干，防止消毒剂的残留影响图像效果。

五、手术中的使用规范

1. 在使用骨科刨削器或消融仪的过程中，需注意镜子与这类器械的距离，避免损伤镜子。

2. 手术器械的操作应遵循少量多次原则，每次夹取适量组织，反复多次操作，以保证手术质量。

六、术后的注意事项

1. 冷光源未关闭或亮度未调至最低时，严禁把纤维导光束放在病人身上或床单上，避免强光所产生的热能灼伤病人或烧坏床单。

2. 术后器械送清洗前，先目测关节镜的功能是否完好，并将其单独摆放。

附录十 小儿外科手术器械的保养细节

一、清洗前的注意事项

小儿外科手术器械非常精细，如小儿腹腔镜的直径是2mm—3.5mm，所以清洗前务必重点检查手术器械的完整性和功能性。

二、清洗中应注意的问题

清洗手术器械时，务必使其刃口完全张开，以便彻底清洁关节部位。

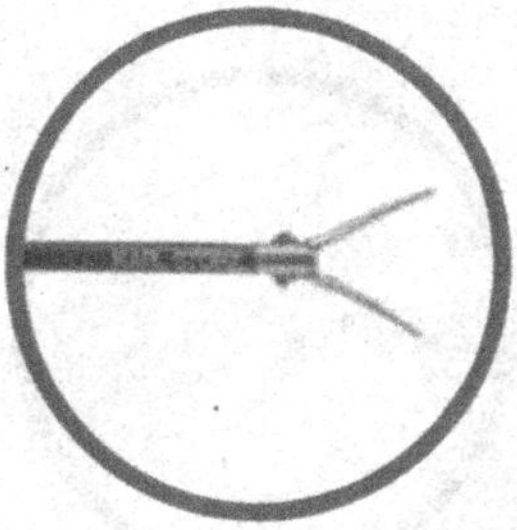

三、清洗后的注意事项

清洗后，需用高压气枪吹干带腔道的器械内的水分。

四、手术前检查与准备

1. 术前再次检查手术器械的完整性及功能性。

2. 接摄像头前，先用 75% 的酒精擦拭内窥镜的纤维导光束接口端、目镜管及物镜端的镜面，再用纱布擦干，防止消毒剂的残留影响图像效果。

五、手术中的使用规范

1. 操作时需注意纤维导光束与镜子连接处的弯曲度不能太小，避免使纤维导光束外表皮断裂。

2. 电刀功率的调节应遵循从低到高原则，以保护手术器械及高频导线。

3. 手术器械的操作应遵循少量多次原则，每次夹取适量组织，反复多次操作，以保证手术质量。

4. 小儿腔镜器械非常精细，操作时的力度与使用成人腔镜器械时有所不同，否则极易损坏器械。

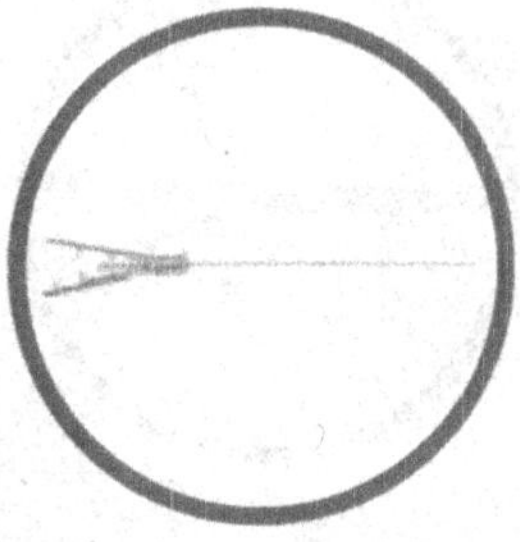

5. 小儿腔镜器械非常精细，遵循器械的专职专用原则变得尤为重要。如分离钳不能当抓钳使用，抓钳夹取组织时也不能用力扭转。

六、术后的注意事项

1. 冷光源未关闭或亮度未调至最低时，严禁把纤维导光束放在病人身上或床单上，避免强光所产生的热能灼伤病人或烧坏床单。

2. 术后器械送清洗前，先目测小儿外科手术器械的功能是否完好，并将其单独摆放。

参考文献

1. 贺吉群 . 图解内镜手术护理 [M]. 长沙：湖南科学技术出版社，2012.

2. 任伍爱,张青 . 硬式内镜清洗消毒及灭菌技术操作指南 [M]. 北京：北京科学技术出版社，2012.

3. 丁碧兰，朱丽辉，刘世华 . 实用儿科手术器械的识别与保养 [M]. 海口：南方出版社，2011.

4. 刘筱英，刘世华，姚晓霞，易银芝 . 骨科常用器械图谱与应用 [M]. 广州：世界图书出版公司，2017.